I0073395

PETIT RECUEIL

D'EXERCICES & DE PROBLÈMES

SUR

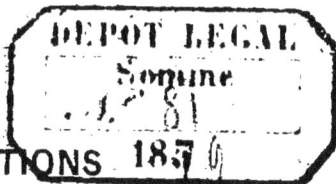

LES QUATRE OPÉRATIONS

ET SUR

LE SYSTÈME MÉTRIQUE

BIBLIOTHÈQUE NATIONALE R.F. IMPRIMÉE

DÉPOT LÉGAL
Somme
1879

AMIENS

IMPRIMERIE DELATTRE-LENOEL

Imp.-Lib. de Monseigneur l'Évêque

RUE DES RABUISSONS, 30

—

1879

8° V

2841

EXPLICATION

De quelques signes et termes employés dans le Calcul.

+ c'est-à-dire *plus* : signe de l'addition.

— . . . *moins* : signe de la soustraction.

× . . . *multiplié par* : signe de la multiplication.

: ou — entre dividende et diviseur (par ex. 42 : 8 ou $\frac{42}{8}$)

divisé par : signe de la division.

= c'est-à-dire *égale*.

%. . . . *pour cent*.

m. . . . *mètre*.

Dm. . . . *décamètre*.

Hm. . . . *hectomètre*.

Km. . . . *kilomètre*.

Mm. . . . *myriamètre*.

dm. . . . *décimètre*.

cm. . . . *centimètre*.

mm. . . . *millimètre*.

mq (1) . . . *mètre carré*.

Dmq. . . . *décamètre carré*.

Hmq. . . . *hectomètre carré*.

Kmq. . . . *kilomètre carré*.

Mmq. . . . *myriamètre carré*.

dmq. . . . *décimètre carré*.

cmq. . . . *centimètre carré*.

mmq. . . . *millimètre carré*.

mc. . . . *mètre cube*.

dmc. . . . *décimètre cube*.

cmc. . . . *centimètre cube*.

mmc. . . . *millimètre cube*.

st. . . . *stère*.

Dst. . . . *décastère*.

dst. . . . *décistère*.

a. . . . *are*.

ha. . . . *hectare*.

ca. . . . *centiare*.

_____

(1) On remarquera que l'abréviation du mètre carré est *mq* et non *mc*. La lettre *q* est la 1re lettre de *quarré*, ancienne orthographe de *carré*. L'abréviation *mc* est réservée pour indiquer les mètres cubes.

l.	c'est-à-dire	*litre.*
Dl.	. . . .	*décalitre.*
Hl.	. . . .	*hectolitre.*
Kl.	. . . .	*kilolitre.*
dl.	. . . .	*décilitre.*
cl.	. . . .	*centilitre.*
ml.	. . . .	*millilitre.*
gr. ou g.	. .	*gramme.*
Dg.	. . . .	*decagramme.*
Hg.	. . . .	*hectogramme.*
Kg.	. . . .	*kilogramme.*
Mg.	. . . .	*myriagramme.*
dg.	. . . .	*décigramme.*
cg.	. . . .	*centigramme.*
mg.	. . . .	*milligramme.*
fr.	. . . .	*franc.*
d.	. . . .	*décime.*
c.	. . . .	*centime.*
m.	. . . .	*millime.*
m. ou ms.	.	*moins.*
pl.	. . . .	*plus.*
f.	. . . .	*fois.*
h.	. . . .	*heure.*
'.	. . . .	*minute.*

TABLE DE MULTIPLICATION

0 fois	0	fait	0	0 fois	4	fait	0	0 fois	8	fait	0
0	1		0 (1)	0	5		0	0	9		0
0	2		0	0	6		0	0	10		0
0	3		0	0	7		0	0	11		0
								0	12		0
2 fois	0	font	0	5 fois	0	font	0	8 fois	0	font	0
2	1		2	5	1		5	8	1		8
2	2		4	5	2		10	8	2		16
2	3		6	5	3		15	8	3		24
2	4		8	5	4		20	8	4		32
2	5		10	5	5		25	8	5		40
2	6		12	5	6		30	8	6		48
2	7		14	5	7		35	8	7		56
2	8		16	5	8		40	8	8		64
2	9		18	5	9		45	8	9		72
2	10		20	5	10		50	8	10		80
2	11		22	5	11		55	8	11		88
2	12		24	5	12		60	8	12		96
3 fois	0	font	0	6 fois	0	font	0	9 fois	0	font	0
3	1		3	6	1		6	9	1		9
3	2		6	6	2		12	9	2		18
3	3		9	6	3		18	9	3		27
3	4		12	6	4		24	9	4		36
3	5		15	6	5		30	9	5		45
3	6		18	6	6		36	9	6		54
3	7		21	6	7		42	9	7		63
3	8		24	6	8		48	9	8		72
3	9		27	6	9		54	9	9		81
3	10		30	6	10		60	9	10		90
3	11		33	6	11		66	9	11		99
3	12		36	6	12		72	9	12		108
4 fois	0	font	0	7 fois	0	font	0	10 fois	0	font	0
4	1		4	7	1		7	10	1		10
4	2		8	7	2		14	10	2		20
4	3		12	7	3		21	10	3		30
4	4		16	7	4		28	10	4		40
4	5		20	7	5		35	10	5		50
4	6		24	7	6		42	10	6		60
4	7		28	7	7		49	10	7		70
4	8		32	7	8		56	10	8		80
4	9		36	7	9		63	10	9		90
4	10		40	7	10		70	10	10		100
4	11		44	7	11		77	10	11		110
4	12		48	7	12		84	10	12		120

(1) Dans la pratique, au lieu de dire 0 fois 1 fait 0, 0 fois 2 fait 0, etc., on emploie la formule générale : 0 ne multiplie pas, je pose 0.

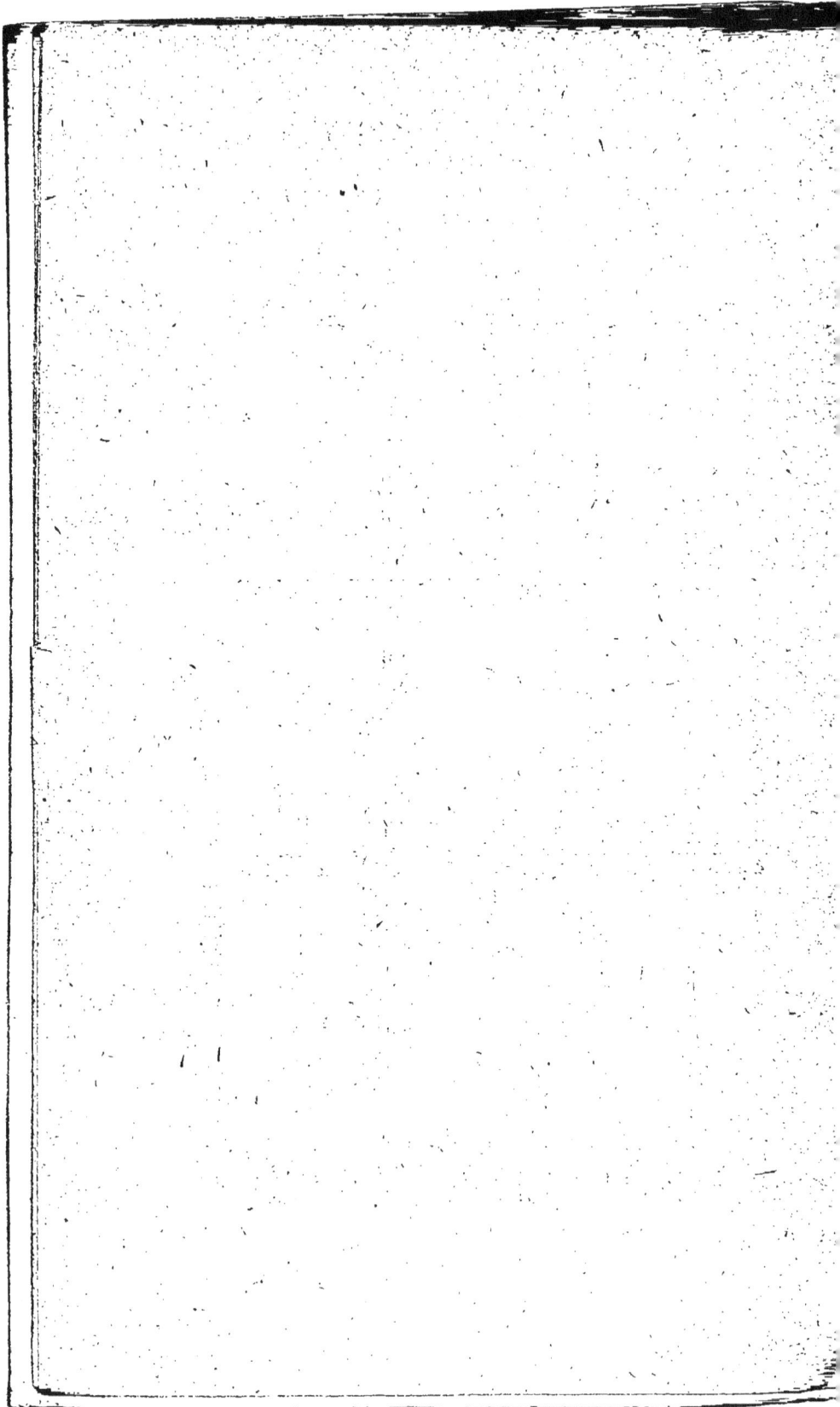

PETIT RECUEIL
D'EXERCICES & DE PROBLÈMES

PREMIÈRE PARTIE

Problèmes sur les Quatre opérations et sur le Système métrique.

I. — Problèmes sur les Quatre opérations.

Addition

1. — Une personne a acheté d'abord 125 m. de toile, puis 75 m., ensuite 40 m. : combien a-t-elle acheté de mètres en tout ?

2. — Une servante a placé à la caisse d'épargne 1° 90 fr., 2° 65 fr., 3° 125 fr., 4° 35 fr. : combien a-t-elle placé en tout ?

3. — Combien y a-t-il de litres de vin dans 4 tonneaux dont le 1er contient 100 litres, le 2e 80 litres, le 3e 50 litres, et le 4e 75 litres ?

4. — Combien y a-t-il de planches dans 3 voitures, s'il y en a 125 dans la 1re, 130 dans la 2e, et 122 dans la 3e ?

5. — La population de la ville d'Amiens est évaluée à 66 000 habitants, celle de Lille à 158 000, et celle d'Arras à 27 000 : combien y a-t-il d'habitants dans ces trois villes réunies ?

6. — Combien contenait de mètres une pièce d'étoffe dont on a ôté 17 m., s'il en reste encore 22 m. ?

7. — Combien y a-t-il de noix dans 3 paniers dont l'un en contient 650, un autre 425 et le troisième 590 ?

8. — Un marchand a vendu d'abord pour 305 fr. de marchandises, puis pour 270 fr., ensuite pour 95 fr. : combien doit-il recevoir ?

9. — Un marchand doit 3 factures; la 1re s'élève à 1 045 fr., la 2e à 675 fr. et la troisième à 1 270 fr. : combien doit-il en tout ?

10. — Quelle est la longueur totale de 3 pièces de toile si la 1re a 104 m. 50, la 2e 98 m. et la 3e 67 m. 50 ?

11. — Une personne doit 175 fr. pour un achat, et 40 fr. 50 qu'on lui a prêtés : combien doit-elle en tout ?

12. — J'ai acheté pour 2 fr. 50 de légumes, pour 4 fr. 75 de viande, pour 1 fr. 20 de pain et pour 0 fr. 70 d'épicerie : combien ai-je dépensé ?

13. — Les parents d'Angèle lui ont donné 14 fr. pour ses étrennes; elle avait déjà reçu 3 fr. 50 d'un oncle et 7 fr. 75 de son parrain : combien possède-t-elle en tout si elle avait auparavant 12 fr. 50 ?

14. — Combien y a-t-il de litres dans 3 bouteilles de vin s'il y en a 1 litre 5 dans une, 3 litres 75 dans une autre et 0 litre 75 dans la troisième ?

15. — Un père de famille a gagné 450 fr., sa femme 220 fr. 50, et leur fils 180 fr. 75 : combien ont-ils reçu en tout ?

16. — Marguerite a reçu de son père une pièce de de 5 fr., 1 de 2 fr., 1 de 1 fr., 1 de 0 fr. 50, 1 de 0 fr. 20: combien possède-t-elle en tout ?

17. — J'ai perdu 17 fr. 80, et j'ai encore 15 fr. 50 : combien avais-je avant ma perte ?

18. — J'ai coupé un bout de 0 m. 17 à une règle qui a encore 0 m. 35 : quelle était sa longueur ?

19. — Dans une ferme, un ouvrier gagne 0 fr. 90 par jour, son fils ne reçoit que 0 fr. 60 et sa femme

0 fr. 50 : combien gagnent-ils ensemble dans une journée ?

20. — Combien a-t-on revendu une maison que l'on avait achetée 12 200 fr., et à laquelle on a fait pour 350 fr. 50 de réparation, si l'on a gagné 750 en la revendant ?

Soustraction.

21. — D'une pièce de drap de 61 m., on a vendu 25 mètres : combien en reste-t-il ?

22. — Une maison achetée 24 000 fr. a été revendue 30 600 fr. : combien a-t-on gagné ?

23. — La population de Rouen est de 102 000 habitants, celle d'Amiens de 66 000 habitants : de combien celle de Rouen dépasse-t-elle celle d'Amiens ?

24. — Une famille gagne en une année 3 600 fr. et dépense 2 425 fr. : combien économise-t-elle ?

25. — Je devais 26 250 fr., et j'ai déjà payé 14 780 fr. : combien dois-je encore ?

26. — J'ai acheté 2 730 Kg. de marchandise, et je n'en ai reçu que 1 280 Kg. : combien dois-je encore en recevoir ?

27. — Sophie est allée au marché avec 5 fr. : elle a acheté pour 0 fr. 35 de légumes, pour 2 fr. 40 de viande, un pain de 0 fr. 90 : combien d'argent a-t-elle dépensé et combien lui en reste-t-il ?

28. — D'une pièce de toile de 45 m. 50, j'ai ôté 27 m. 70 : combien en reste-t-il ?

29. — D'un tonneau de bière de 25 litres, j'ai ôté 3 litres 75 : combien de litres contient-il encore ?

30. — J'avais 350 fr. dans ma bourse, j'ai prêté 160 fr. 50 : combien ai-je encore ?

31. — Louise avait 23 fr. ; on lui donne encore 6 fr. 50 ; elle de son côté a fait aux pauvres une aumône de 10 fr. 80 : combien lui reste-t-il ?

1*

32. — La Loire a un cours de 1 200 Km. et le Rhône de 888 Km. : de combien le cours de la Loire dépasse-t-il celui du Rhône ?

33. — J'ai acheté un atlas de 4 fr. 50, un livre de 1 fr. 25, diverses fournitures pour 0 fr. 90 : combien ai-je dépensé, et combien m'a-t-on rendu sur une pièce de 20 fr. que j'avais donnée ?

34. — On a des rideaux de 1 m. 50 de long et d'autres de 2 m. 40 : de combien les uns sont-ils plus longs que les autres ?

35. — J'ai 12 750 fr. 50 : combien me manque-t-il pour payer 17 856 fr. ?

36. — Un pain coûte 0 fr. 90 : combien me rendra-t-on si je le paie avec une pièce de 2 fr. ?

37. — Anna a une pièce de 5 fr., une de 2 fr., une de 1 fr., une de 0 fr. 50, une de 0 fr. 20, une de 0 fr. 10, une de 0 fr. 05, une de 0 fr. 02, une de 0 fr. 01 ; elle dépense 3 fr. 80 en divers achats : combien lui reste-t-il ?

38. — On a gagné 25 fr. en revendant une pendule 360 fr. : combien avait-elle coûté ?

39. — Une marchandise a coûté 120 fr. et 7 fr. de port : si on la revend 142 fr., de combien sera le bénéfice ?

40. — J'ai revendu 166 fr. une marchandise que j'avais payée 154 fr. 50 : combien ai-je gagné ?

Multiplication.

41. — Combien coûteront 16 m. de mérinos à 6 fr. le mètre ?

42. — Quel sera le prix de 6 Kg. de café à 4 fr. le kilogramme ?

43. — On a acheté 18 poutres à 6 fr. l'une : combien faut-il pour les payer ?

44. — Quel est le prix de 22 m. de drap à 16 fr. le mètre ?

45. — Combien faut-il pour payer 25 stères de bois à 19 fr. le stère ?

46. — Quel est le prix de 104 pièces de toile à 106 fr. la pièce ?

47. — Combien coûteront 24 Kg. de sucre à 3 fr. 20 le kilogramme ?

48. — Quelle somme faut-il pour acheter 75 Kg. de farine à 0 fr. 35 le kilogramme ?

49. — Que recevra un ouvrier pour 36 journées de travail à 2 fr. 50 ?

50. — Combien coûteront 100 mouchoirs à 1 fr. 20 l'un ?

51. — Quel est le prix de 50 litres de vin à 0 fr. 80 le litre ?

52. — Si l'on vend 50 douzaines de noix à 0 fr. 04 la douzaine, combien recevra-t-on ?

53. — Un menuisier fait un plancher de 54 mètres carrés : combien doit-on lui payer à 3 fr. 50 le mètre carré ?

54. — Si on a payé 1 fr. 50 pour la façon d'une chemise, combien faut-il donner pour deux douzaines ?

55. — En employant 3 m. 50 de toile pour une chemise, combien faut-il de mètres pour 36 chemises ?

56. — Quel est le prix de 12 chaises à 7 fr. 50 l'une ?

57. — Que doit-on payer pour 450 petits arbres à 0 fr. 85 l'un, si on donne en plus au jardinier qui les plante 0 fr. 10 pour chacun ?

58. — Que faut-il payer pour 18 m. 50 de ruban à 0 fr. 70 le mètre ?

59. — Combien coûtent 24 assiettes à 0 fr. 12 l'une ?

60. — Que doivent coûter 135 m. de toile à 1 fr. 15 le mètre ?

Division.

61. — Lorsque 24 Kg. de sucre coûtent 72 fr., à combien revient le kilog. ?

62. — Si on paie 200 fr. pour 50 Kg. de café, combien coûte 1 kilog. ?

63. — 4 héritiers ont à se partager une somme de 24 600 fr. : combien revient-il à chacun ?

64. — Combien coûte 1 m. de toile, lorsque 25 m. coûtent 30 fr. ?

65. — Quel est le prix d'un couteau lorsque 3 douzaines coûtent 54 fr. ?

66. — Que peut dépenser par jour un ouvrier qui gagne 23 fr. 40 par semaine ?

67. — A combien revient le Kg. de farine, lorsque 30 Kg. coûtent 18 fr. ?

68. — Quel est le prix d'une chemise quand la douzaine coûte 58 fr. 80 ?

69. — Uranie doit copier 1200 lignes : en combien de jours aura-t-elle fini, si elle en copie 150 par jour ?

70. — Quel est le poids d'un cabas de figues lorsque 18 cabas pèsent 189 Kg. ?

71. — Combien gagne par jour un ouvrier qui a reçu 70 fr. pour 25 jours de travail ?

72. — 80 Kg. de viande ont été vendus 104 fr. : à combien revient le kilog. ?

73. — Une fruitière a vendu 2 430 pommes pour 72 fr. 90 : quel est le prix d'une pomme ?

74. — Une pièce d'étoffe de 150 m. a coûté 1 125 fr. quel est le prix d'un mètre ?

75. — A combien revient le litre de vin, lorsque 50 litres coûtent 40 fr. ?

76. — Combien parcourt par heure un train de

grande vitesse qui met 8 heures pour parcourir la distance de 480 Km. entre Paris et Lyon ?

77. — Combien peut-on faire de chemises avec 225 m. de toile, si on emploie 2 m. 50 pour chaque chemise ?

78. — 1.000 bottes de foin pèsent 3 500 Kg., quel est le poids d'une botte ?

79. — On a vendu 800 bottes de paille pour 90 fr. : quel est le prix d'une botte ?

80. — Un prodigue a dépensé en deux ans une fortune de 54 750 fr. : combien a-t-il dépensé par jour en moyenne ?

Récapitulation.

81. — On a acheté 50 chaises pour 180 fr., et on les revend 4 fr. 50 la pièce : combien gagne-t-on sur chacune ?

82. — 6 douzaines de crayons ont coûté 3 fr. En revendant chaque crayon 0 fr. 05, combien gagnera-t-on sur le tout ?

83. — On a acheté 28 m. d'étoffe à 1 fr. 50 le mèt., on les revend 50 fr. : combien gagne-t-on ?

84. — Un charcutier a acheté un porc pour 90 fr. ; il revend 70 Kg. de viande à 1 fr. 50 : combien gagne-t-il s'il a en plus 10 fr. pour les débris ?

85. — J'ai acheté 4 m. de ruban à 0 fr. 40, et 12 m. de ganse à 0 fr. 20 : combien doit-on me rendre si je paie avec une pièce de 5 fr. ?

86. — Si 560 Kg. de blé donnent 420 Kg. de farine, combien faut-il de blé pour 1 Kg. de farine ?

87. — Sur une pièce de 20 fr. que je donne pour payer un achat, on me rend une pièce d'argent de chaque espèce : quelle est la valeur de mon achat ?

88. — De quel nombre a-t-on ôté 7 640 pour qu'il reste 9 696 ?

89. — On veut faire mettre des carreaux à 4 fenêtres de 8 carreaux chacune : combien faudra-t-il
payer à 1 fr. 10 le carreau ?

90. — On veut payer 15 mètres de drap à 10 fr.
le mèt. avec du vin à 0 fr. 75 le litre : combien doit-on
en donner de litres ?

91. — Combien doit-on payer pour 35 Kg. 07 Dg.
de marchandise à 2 fr. 45 le Kg.

92. — On a acheté 7 m. 50 de mérinos à 6 fr 25
le m. Pour paiement on a livré 15 Kg. de beurre à
2 fr. 40 le Kg. : combien doit-on encore ?

93. — Quel est le poids total d'une caisse qui
contient 25 paquets de sucre, de chacun 1 Kg. 250 gr.,
si la caisse vide pèse 3 Kg. 7 Hg., et les papiers d'em-
ballage 0 Kg. 750 gr.

94. — Quel est le poids d'un pain de sucre lorsque
24 pains pèsent 175 Kg.?

95. — Un ouvrier gagne 0 fr. 90 par jour pendant
152 jours de l'année, 1 fr. 25 pendant 100 jours et
2 fr. 25 pendant 52 jours que dure la moisson : combien travaille-t-il de jours par an et combien gagne-t-il
en tout ?

96. — En revendant 850 Kg. de miel 1 265 fr., on
a gagné 75 fr. : combien avait-on payé le Kg. ?

97. — Un ouvrier qui gagne 75 fr. par mois, dépense par jour pour 0 fr. 40 de pain, 0 fr. 15 de fromage, deux repas à l'auberge à 0 fr. 40, et pour 0 fr. 35
de vin : combien lui reste-t-il par an pour ses autres
dépenses ?

98. — Pour payer 24 pièces de drap de chacune
75 m. à 16 fr. le mètre, on a donné 4 Hl. de vin à
70 fr. l'hectolitre, puis la somme de 6 500 fr. : combien doit-on encore ?

99. — Quel est le prix d'un objet lorsque 100 de
même espèce coûtent 75 fr. 50 ?

100. — Un homme emprunte 1 500 fr., puis 1 875 fr.; il paie ensuite 4 000 fr. et il lui reste encore 625 fr.: quelle somme avait-il avant ses emprunts?

II. — PROBLÈMES SUR LE SYSTÈME MÉTRIQUE.

Mesures de longueur.

101. — Quelle est la longueur totale de 4 pièces de drap dont la 1re a 42 m., la 2e 50 m. 50, la 3e 37 m. 25 et la 4e 26 m.?

102. — Lorsque, à une longueur de 25 m., on ajoute 12 m. 50, quelle est la longueur totale?

103. — Additionnez les nombres suivants : 12 m. 50; 10 m. 250 ; 4 m. 7 et 0 m. 50.

104. — Combien y a-t-il de mètres de ruban dans 4 coupons de 1° 0 m. 75; 2° 1 m. 10; 3° 0 m. 85 et 4° 1 m. 70 ?

105. — Quel est le total des nombres suivants : 8 Hm. 4 m., 10 Km. 500 m., 4 Mm. 7 Hm., et 6 550 m.

106. — Si j'ôte 20 m. 50 de drap à une pièce de 30 m. 25, combien restera-t-il ?

107. — J'ai parcouru 4 Km. 5 sur une longueur de 30 Km.: combien me reste-t-il encore à parcourir?

108. — D'une pièce de toile de 45 m., j'ai vendu 12 m. 50; il s'en trouve 1 m. 70 de déchiré : combien en reste-t-il à vendre ?

109. — Quelle est la longueur totale de 4 pièces de toile de chacune 27 m. 70 ?

110. — Quel est le prix d'un mètre de drap lorsque 130 m. 70 coûtent 2 025 fr. 85?

111. — Quelle est la longueur d'une pièce de drap qui a coûté 891 fr. à 15 fr. le mètre ?

112. — Combien faut-il payer pour 312 m. 25 de toile à 1 fr. 45 le mètre ?

113. — Quel est le prix de 0 m. 90 de ruban à 1 fr. 20 le mètre ?

114. — A combien revient le mètre de ruban si 7 m. 50 coûtent 10 fr. 125 millimes.

115 — Dans le courant du mois de janvier Adèle a grandi de 35 millimètres : de combien a-t-elle grandi par jour ?

116. — Combien de mètres contient une pièce de mousseline qui a coûté 59 fr. 34 à 2 fr. 30 le mètre ?

Mesures de surface.

117. — Quel est le nombre de mètres carrés contenus dans 125 mèt. carr., 1 250 centim. carr , 10 mèt. carr., 50 décimèt. carr., et 704 mèt. carr., 70 centim. carr. ?

118. — Quelle est la superficie totale des 3 départements suivants ; celui du Nord qui a 568 000 Hmq. ; du Pas-de-Calais, 660 564 Hmq., et de la Somme, 6 142 Kmq. 87 Hmq. ?

119. — De combien le département de la Somme est-il plus grand que celui du Nord ?

120. — Il y a dans le département de la Somme 4730 Kmq. de terres labourables : quelle est l'étendue qui reste en rivières, prairies, bois, maisons, etc ?

121. — D'une propriété de 14 Ha 20 a. 50 ca., on retranche 750 a. : combien en reste t-il ?

122. — Quelle est la superficie totale de 4 villages de chacun 7 Ha. 1 270 ca. ?

123. — Quelle est la surface d'un plancher de 6 m. 25 de longueur sur 4 m. 30 de largeur ?

124. — Quelle est en ares et en centiares la surface d'un champ de 12 m. 50 de long sur 9 m. 35 de large ?

125. — Si d'un jardin de 1 Ha. on a retranché 300 ca. pour faire une cour : combien reste-t-il de terre en jardin ?

126. — On veut partager entre 4 enfants une propriété de 15 Ha. 2 000 ca. : quelle sera la part de chacun ?

127. — Un hectare de pré vaut 4 560 fr. : combien vaut l'are ?

128. — Un centiare de terrain à bâtir étant estimé 1 fr. 50, à combien revient l'are ?

129. — Combien y a-t-il de mètres carrés de papier à tapisser dans 6 rouleaux longs de 12 m. et ayant 0 m. 65 de largeur ?

130. — Combien coûtera cette tapisserie à 0 fr. 50 le mètre carré ?

131. — On fait peindre un plafond de 6 m. 70 de long sur 5 m. 40 de large à 1 fr. 70 le mètre carré : combien faudra-t-il payer ?

132. — Dans le département du Pas-de-Calais, il y a 517 000 Ha. de terres labourables, 40 000 Ha. de prairies, et 80 000 de bois et de forêts. La superficie totale est de 630 564 Ha. : combien y en a-t-il en routes, en maisons, etc. ?

133. — Ce département renferme 749 777 habitants : combien chacun a-t-il de terrain en moyenne ?

134. — Combien faut-il payer pour une planche de 2 m. 80 de long sur 0 m. 40 cm. à 0 fr. 05 le décimètre carré ?

135. — L'Europe a 5 555 Km. de longueur et 3 888 de largeur : quelle est sa superficie ?

136. — On évalue à 1 100 myriamètres la longueur de l'Asie, et sa largeur à 600 Mm. ; l'Afrique

n'a que 720 Mm. de long sur 640 de large : de combien la superficie de l'Asie surpasse-t-elle celle de l'Afrique ?

137. — Une classe a 66 m. de surface et 8 m. 80 de longueur : quelle est sa largeur ?

138. — On a payé à un peintre 40 fr. 80 pour 24 mèt. carr. de peinture : à combien revient le mètre carré de cette peinture ?

139. — On veut paver un appartement de 36 mèt. carr. avec des carreaux de 0 m. 25 de côté : combien en faut-il ?

140. — Combien coûteront-ils à raison de 0 fr. 45 la pièce ?

Mesures de volume.

141. — Quel est le volume d'une pierre de 1 m. 50 de long sur 1m. 10 de large et 1m. 30 de haut ?

142. — Un menuisier a acheté 2 mèt. cub. 125 de planches, 6 mc. 750 de poutres et 3 mc. 760 de soliveaux : combien a-t-il reçu de mètres cubes de bois ?

143 — Que faut-il pour payer 6 planches de 2 m. 50 de long sur 0 m. 26 de large et 0 m. 03 d'épaisseur, à 18 fr. le mètre cube ?

144. — Combien renferme de décastères de bois un bûcher de 8 m. de long sur 3 m. de large et 4 m. 50 de haut ?

145. — Combien faut-il payer pour 3 stères 5 décist. de bois à 3 fr. 50 le stère ?

146. — Une coupe de bois de 387 a. a produit 645 stères : combien a produit un are de terrain ?

147. — Quelle est la capacité d'un bassin de 1 m. 50 de long sur 0 m. 90 de large et 1 m. 10 de profondeur ?

148. — On estime 1 800 fr. un bloc de marbre d'un mètre cube : quel est le prix du décimètre cube et du centimètre cube ?

149. — Quel serait le prix d'un bloc de granit de 1 mèt. cube 7 425, à 0 fr. 20 le décimètre cube ?

150. — Une pile de bois de 87 st. 5 a une surface de 25 mèt. carr. : quelle est sa hauteur ?

151. — Combien y a-t-il de mètres cubes et de décimètres cubes dans 14 Dst. 5 st. 7 dst., plus 36 st. 4 ?

152. — On a acheté un madrier de 4 m. de long sur 0 m. 4 de large et 0 m. 3 d'épaisseur : combien contient-il de mètres et de décimètres cubes ?

153. — Combien coûtera ce madrier à 2 fr. 50 le décistère ?

154. — On demande quel est le cube d'une poutre qui a 0 m. 25 de côté et dont la longueur est de 3 m. 25 cm. ?

155. — Combien faut-il payer pour 1 mèt. cube de bois à 0 fr. 03 le décimètre cube ?

156. — Combien gagnerait-on en le revendant à 3 fr. 20 le décistère ?

157. — Une pièce de bois de 2 m. de long a 0 m. 20 d'équarrissage : combien contient-elle de décimètres cubes ?

158. — Que doit coûter un mur de 8 m. 50 de longueur sur 0 m. 40 d'épaisseur et 4 m. 30 de hauteur, à 2 fr. 50 le mètre cube ?

159. — Combien de mètres cubes d'ouvrage a fait un ouvrier qui a reçu 15 fr. 35 à raison de 1 fr. 20 le mètre cube ?

160. — On a creusé une fosse de 3 m. 50 de long sur 2 m. 80 de large et 1 m. 70 de profondeur : quelle quantité de terre en a-t-on extraite ?

161. — Combien faut-il payer à l'ouvrier à raison de 1 fr. 90 le mètre cube ?

Mesures de capacité.

162. — Combien y a-t-il de litres de vin dans 4 tonneaux dont le 1ᵉʳ contient 12 Dl., le 2ᵉ 1 Hl. 7 litres, le 3ᵉ 117 litres, le 4ᵉ 1 Hl. 550 centil. ?

163. — Quel est le nombre de litres de bière contenus dans 2 tonneaux de chacun 2 Dl., et 2 bouteilles de chacune 3 litres 25 centil. ?

164. — D'un tonneau d'huile de 1 Hl., on a ôté 4 Dl. 50 cl. : combien en reste-t-il ?

165. — Combien faut-il payer pour 25 bouteilles de vin de 0 litre 75 cl. à 0 fr. 90 le litre ?

166. — S'il faut 3 Dl. 5 l. de froment pour ensemencer un champ de 23 a. 78, combien en faut-il 1° pour 1 a., 2° pour 1 Ha. ?

167. — Combien de litres d'eau peut contenir un bassin de 3 mèt. cub. 254 ?

168. — Quel est le prix : 1° d'un litre ; 2° d'un décilitre de liqueur à 15 fr. le décalitre ?

169. — Si on a payé 900 fr. pour 15 Hl. de vin, à combien revient le litre ?

170. — Combien faut-il payer pour 9 Hl. 50 de haricots à 18 fr. 50 l'hectolitre ?

171. — Quel est le prix de 12 Hl. de pommes de terre, à 1 fr. 20 le décalitre ?

172. — Combien faut-il payer pour 18 Hl. de bière à 0 fr. 18 le litre ?

173. — Si on achète 12 Hl. de blé à 22 fr. l'hectolitre et qu'on les revende à 2 fr. 80 le décalitre, combien gagne-t-on ?

174. — Quel est en décimètres cubes la capacité d'un vase qui peut contenir 2 litres 125 millilitres d'eau ?

175. — Combien coûteront 2 Dl. de lait à 0 fr. 20 le litre ?

176. — Combien coûteront 15 Hl. de froment à 2 fr. 10 le décalitre ?

177. — Lorsque 24 Dl. de pommes de terre coûtent 19 fr. 20, à combien revient : 1° le décalitre ; 2° le litre ?

178. — Quelle quantité de vin reste-t-il dans un tonneau de 5 Dl., si on en a retiré une 1re fois 2 litres 5, une 2° fois 1 Dl. 25 cl. et une 3° fois 25 litres 3 ?

Mesures de Poids.

179. — Quel est le poids d'une caisse qui pèse vide 2 Kg. 50 gr. et qui contient 18 Kg. 3 Dg. de marchandises ?

180 — Quel est le poids de 4 caisses dont la 1re pèse 45 Kg. 150 gr., la 2° 35 Kg. 6 Dg., la 3° 48 Kg. 70 gr., et la 4° 39 Kg. 4 ?

181. — On avait acheté 64 720 Kg. 4 Dg. de marchandise, et on en a revendu 46 879 Kg. 500 gr. : combien en a-t-on encore ?

182. — Combien y a-t-il de kilogrammes dans 32 cabas de figues pesant chacun 7 Kg. 25 ?

183. — Quel est le poids d'un pain de sucre lorsque 24 pèsent 174 Kg. ?

184. — Lorsque le kilogramme de beurre coûte 2 fr. 50, combien coûtent 24 Dg. ?

185. — Si 10 Kg. de soie coûtent 412 fr. 50, à combien revient le kilogramme ?

186. — Lorsque 1 Kg. de café coûte 3 fr. 50 : combien coûte 1° 1 Hg. ; 2° 1 Dg. ?

187. — On avait acheté une marchandise 2 fr. 10 le kilogramme et on l'a revendu 2 fr. 50 : combien a-t-on gagné sur 12 Kg. 750 de cette marchandise ?

188. — Combien faut-il payer pour 12 sacs de farine de chacun 25 Kg. 500 à 0 fr. 35 le kilogramme ?

2*

189. — Sur un achat du poids de 2 quintaux, je revends d'abord 75 Kg. 7, puis 25 Kg. 25, ensuite 38 Kg. 735 : combien de kilogrammes me reste-t-il encore ?

190. — J'ai vendu un objet en or de 1 gr. 5 cg., un autre de 3 Dg. 6 dg., et un 3ᵉ de 2 gr. 26 : quel est le poids de ces trois objets ?

191. — Lorsque le décagramme d'une marchandise coûte 5 fr., quel est le prix : 1º du kilogramme ; 2º de l'hectogramme ?

192. Si l'hectolitre de houille pèse 90 Kg., quel sera en quintaux le poids de 127 Hl. 75 ?

193. — Si une botte de lin pèse 146 Dg., quel sera le poids de 120 bottes ?

194. — Combien coûteront-elles à 2 fr. 80 le kilogramme ?

Mesures de Monnaie.

195. — Combien y a-t-il de centimes dans 2 475 fr. ?

196. — Quel est le poids de 24 pièces de 5 fr. ?

197. — Quel est le poids d'une somme de 50 fr. en monnaie de bronze ?

198. — Un sac plein de pièces d'argent pèse 2 Kg. 700 : quelle somme contient-il si le sac vide pèse 60 gr. ?

199. — Quelle somme faut-il en monnaie de bronze pour peser 2 Kg. 75 ?

200. — Combien faut-il de pièces de 1 fr. pour peser 4 Kg. ?

III. — EXERCICES ET PROBLÈMES
SUR LES QUATRE OPÉRATIONS ET SUR LE SYSTÈME MÉTRIQUE

201. — Combien y a-t-il de mètres et de décimètres dans 24 Km. 5 ?

202. — Combien y a-t-il d'hectomètres et de décamètres dans 14 200 m. ?

203. — Quel est le nombre de mètres contenus dans 12 500 centimètres ?

204. — Combien renferment de décalitres, de litres et de décilitres 4 tonneaux de 2 hectolitres ?

205. — Combien coûte 1 Kg. de sucre lorsque 1 Hg. coûte 0 fr. 20. ?

206. — Combien y a-t-il de myriamètres et de kilomètres dans 11 278 000 m.

207. — Combien y a-t-il de centilitres dans 22 Hl. 5 ?

208. — Combien y a-t-il d'ares et de centiares dans un champ de 3 Ha.

209 — Quel est le nombre de litres et de décilitres contenus dans 25 doubles-décalitres ?

210. — Quel est le prix d'un litre de vin à 22 fr. l'hectolitre ?

211. — Combien y a-t-il de stères et de décistères dans 12 Dst. ?

212. — Combien un champ de 2 Ha. 25 renferme-t-il de centiares ?

213. — Evaluez en mètres carrés un champ de 8 Ha. 7 a. 10 ca. ?

214. — Combien y a-t-il de décimètres et de centimètres carrés dans 125 mèt. carr. ?

215. — Combien de mètres et de décimètres carrés y a-t-il dans 8 127 502 centimèt. carrés ?

216. — Si le mètre carré de terrain coûte 2 fr. 50, combien coûtera un are ?

217. — Lorsque 1 Ha. de terre coûte 15 000 fr., à combien revient : 1° l'are ; 2° le centiare ?

218. — Évaluez en mètres carrés et en centimètres carrés une surface de 4 m. 20 de long sur 3 m. 50 de large ?

219. — Combien y a-t-il de décimètres cubes et de centimètres cubes dans 1 258 mèt. cub. ?

220. — Si un mètre cube de pierre coûte 10 fr. 50 : combien coûtera 1° le décimètre cube ; 2° le centimètre cube ?

221. — Si un décimètre cube de marbre coûte 15 fr., combien coûtera 1 mèt. cube ?

222. — Combien y a-t-il de centimètres, de décimètres et de mèt. cub. dans 1 257 508 409 millimèt. cub.?

223. — Quel est est le cube d'une pierre de 3 m. de long sur 2 m. 50 de large et 1 m. 90 de haut ?

224. — Combien y a-t-il de décistères dans 712 mèt. cub. 800 ?

225. — Combien y a-t-il de grammes, de décigrammes et de centigrammes dans 270 Kg. ?

226. — Si 1 Kg. de sucre coûte 1 fr. 80, quel est le prix : 1° de l'hectogramme ; 2° du décagramme ?

227. — Lorsque 280 Kg. de farine coûtent 126 fr., à combien revient : 1° le kilogramme ; 2° l'hectogr. ?

228. — Combien y a-t-il de francs dans 4 250 700 centimes ?

229. — Si le décimètre carré de drap coûte 0 fr. 17, combien coûtera le mètre carré ?

230. — Combien renferme de mètres carrés une pièce d'étoffe de 38 m. 70 de long sur 1 m. 10 de large ?

231. — Si 1 Hl. de vin coûte 18 fr., à combien revient : 1° le décalitre ; 2° le litre ?

232. — Si 1 décilitre d'huile coûte 0 fr. 13, combien coûte : 1° le litre ; 2° l'hectolitre ?

233. — Si un are de terre coûte 200 fr., à combien revient le mètre carré ?

234. — Un mètre cube d'un travail en bois est payé 58 fr. ; à combien revient : 1° le décimètre cube ; 2° le centimètre cube ?

235. — 1 Kg. de cannelle coûte 3 fr. 80 ; à combien revient : 1° l'hectogramme ; 2° le décagramme ?

236. — Combien y a-t-il de centigrammes dans 180 Kg. 5 Dg.

237. — Quel est le total de 12 Hl., plus 25 litres, 36 Dl. et 0 litre 75 cl. ?

238. — D'un coupon de drap de 3 m. 75, on ôte 22 décimèt. : combien en reste-t-il ?

239. — Quel est le prix d'un kilogramme de savon lorsque 175 Kg. 780 coûtent 105 fr. 468 millimes ?

240. — Que faut-il payer pour 375 Kg. de bougies à 0 fr. 25 l'Hg. ?

241. — Quand on a parcouru une route de 27 Mm., combien a-t-on parcouru de mètres ?

242. — Un litre d'eau pure pesant 1 Kg., quel est le poids : 1° d'un hectolitre ; 2° d'un kilolitre ?

243. — Si 1 Kg. de sel coûte 0 fr. 18, que faut-il payer pour 170 Kg. 850 gr. ?

244. — Combien y a-t-il de mètres et de décimètres cubes de bois dans 1 257 décistères ?

245. — Si un décistère de bois coûte 2 fr. 50, quel est le prix du mètre cube ?

246. — Si un décagramme de poivre coûte 0 fr. 04, combien coûtera le kilogramme ?

247. — Que manque-t-il à un paquet qui pèse 785 gr. pour peser 1 Kg ?

3

248. — Quel est le prix d'un pain de sucre pesant 7 Kg. 25 Dg. à 1 fr. 60 le Kg. ?

249. — Lorsque 25 Dl. de bière coûtent 48 fr. 50, quel est le prix de l'hectolitre ?

250. — Quel est le poids total de 3 paquets dont le 1er pèse 3 Kg. 50, le 2e 8 Hg. 90, et le 3e 1 Kg. 5 dg. ?

251. — 1 pain de 4 Kg. est payé 1 fr. 80; à combien revient : 1° le kilogramme ; 2° l'hectogramme de ce pain ?

252. — 1 308 Hg. de cassonnade ont été payés 156 fr 96 et revendus 1 fr. 50 le Kg. : combien a-t on gagné par kilogramme ?

253. — Combien faut-il de toile pour une chemise, si pour 2 douzaines on en a employé 81 m. 6 dm. ?

254. — On a chargé 6 tombereaux de chacun 2 mc. 850 de terre : combien de mètres et de décimètres cubes ont-ils transportés ?

255. — Si 1 Ha. de terre rapporte 16 Hl. de froment, combien rapportera un champ de 48 a. 50 ca. ?

256. — Evaluez en ares et en centiares un champ de 15 m. 70 de long sur 7 m. 80 de large?

257. — Une cour de 29 mèt. carr. 24 décim. carr. est large de 4 m. 30 : quelle est sa longueur ?

258. — Quel est le prix d'un kilogramme de farine, lorsque 8 sacs de chacun 28 Kg. 7 coûtent 84 fr. 952 mm. ?

259. — Un peintre reçoit 1 fr. 10 pour 1 m. carré de peinture : que recevra-t-il pour avoir peint une boiserie de 5 m. 55 de long sur 2 m. 80 de haut ?

260. — Combien coûteront 3 Hl. de pommes de terre à 0 fr. 80 le double décalitre ?

261. — En revendant 50 m. de toile pour 60 fr., on gagne 15 fr. : combien avait-on payé le mètre ?

262. — Quand, sur une distance de 4 Mm., on a

parcouru 22 Km. 450 m., combien de kilomètres et de mètres reste-t-il encore à parcourir ?

263. — Si d'un bassin qui contient 1 mèt. cub. 255 décim. cub. 500 centim. cub. d'eau, il s'en évapore chaque jour 15 centim. cub., en combien de jours sera-t-il vide ?

264. — Quel est le poids de 25 pièces de 5 fr. en argent ?

265. — Que faut-il ajouter à un jardin de 46 centiares pour qu'il contienne 1 are de terrain ?

266. — Quelle serait la différence du prix si on achetait 12 mèt. cub 425 centim. cub. de bois à 20 fr. 50 le mètre cube ou à 0 fr. 21 le décimètre cube ?

267. — Si un quintal de charbon coûte 3 fr. 50, à combien revient le kilogramme ?

268. — Un cantonnier doit casser en 18 jours 20 mèt. cub. 52 centimèt. de cailloux : combien faut-il qu'il en casse par jour ?

269. — Quel est le cube d'une citerne de 3 m. 20 de long sur 2 m. 80 de large et 2 m. 70 de haut ?

270. — Si cette citerne était pleine d'eau, combien en contiendrait-elle de litres ?

271. — Lorsqu'un décalitre d'huile coûte 12 fr., combien coûtent 7 Hl. 25 litres ?

272. — Combien 8 pièces de 2 fr., 18 de 1 fr., 40 de 0 fr. 50 et 30 de 0 fr. 20 pèsent-elles de grammes ?

273. — Combien y a-t-il de centimes dans une somme de 27 289 fr. ?

274. — Quel est le poids de 25 fr. en monnaie de bronze ?

275. — Evaluez en ares la surface totale de 4 champs de chacun 8 m. 70 de long sur 7 m. 55 de large.

276. — Si 1 centimètre cube de fer pèse 30 gr., quel sera le poids : 1° d'un décimètre cube ; 2° d'un mètre cube ?

277. — Puisqu'un centimètre cube d'eau pure pèse 1 gr., quel sera le poids : 1° d'un décimètre cube ; 2° d'un mètre cube d'eau ?

278. — Combien une personne mettra-elle de jours pour parcourir 25 Mm., 6 Km., si elle fait 32 Km. par jour ?

279. — Quel serait le prix d'un cabas de figues de 8 Kg. 5 Hg. à 0 fr. 06 l'hectogramme ?

280. — Lorsque la laine coûte 0 fr. 10 le décagramme, combien coûte le kilogramme ?

281. — Quelle est la longueur d'une pièce d'étoffe qui coûte 229 fr. 60 à 8 fr. le mètre ?

282. — Sur une somme de 7 800 fr., j'ai reçu 199 fr. 75 : que dois je recevoir encore ?

283. — Que doit-on payer pour un mur de 12 mc. 650 dmc., à 0 fr. 08 le décimètre cube ?

284. — On a payé 20 fr. pour 1 st. de bois ; à combien revient : 1° le décistère ; 2° le décimètre cube ?

285. — Combien faut-il de pièces de 1 fr. pour peser 1 Kg. ?

286. — On ne m'a envoyé que 370 Kg. 5 Hg. de marchandise sur 495 Kg. que j'avais achetés : combien dois-je en recevoir encore ?

287. — On a partagé 1 Ha. 20 a. de terrain entre 4 personnes : combien chacune a-t-elle reçu d'ares et de centiares ?

288. — Le long d'une route de 7 Km. 5 Hm. se trouvent des arbres à 15 m. de distance : combien y en a-t-il de chaque côté ?

289. — Quelle est la profondeur d'un bassin de 12 mèt. cub. 180 décim. cub. ayant 4 m. carr. 20 dm. carr. de surface ?

290. — Lorsque le litre de lentilles pèse 8 Hg., quel est le poids : 1° d'un décalitre ; 2° d'un hectolitre ?

291. — Quel est le prix, 1° d'un hectolitre ;

2° d'un décalitre de pommes de terre à 0 fr. 035 millimes le litre ?

292. — Combien faut-il payer pour 2 Hl. 7 Dl. de bière à 1 fr. 75 le décalitre ?

293. — Quelle est la surface de 8 planches de chacune 5 m. de long sur 0 m. 26 de large ?

294. — Lorsque 1 sac de charbon en contient 16 Dl., combien d'hectolitres renferment 12 sacs ?

295. — Combien y a-t-il de mètres dans le méridien terrestre ?

296. — On est convenu de payer 2 fr. par quintal pour le transport de certaines marchandises : combien devra-t-on payer pour 71 487 Kg. ?

297. — Combien faut-il de francs et de centimes en monnaie de bronze pour égaler le poids de 7 pièces de 5 francs et de 4 pièces de 2 francs ?

298. — On a payé 299 fr. pour un plafond de 37 mèt. carr. 3 750 centimèt. carr. : à combien revient : 1° le mètre carré ; 2° le décimètre carré ?

299. — Si un décistère de bois coûte 2 fr., combien coûtera le décimètre cube ?

300. — Une lampe brûle en 1 heure 50 grammes d'huile à 1 fr. 40 le Kg. : combien en brûlera-t-elle en 450 heures, et à combien s'élèvera la dépense ?

301. — Combien doit-on payer pour 10 Kg. 750 g. de sucre à 1 fr. 80 le kilog. ?

302. — Un mètre de drap coûtant 15 fr. 50, combien coûteront 12 m. 80 ?

303. — Quelle est la surface d'une salle de 6 m. 50 de long sur 5 m. 75 de large ?

304. — Le plafond de cette salle a coûté 284 fr. 05 : à combien revient le mètre carré ?

305. — Combien coûteront 12 Hl. de vin à 0 fr. 75 le litre ?

306. — Lorsque 8 Kg. 500 de café coûtent **27 fr. 20**, à combien revient le kilogramme ?

307. — Si 20 st. de bois coûtent 570 fr., à combien revient le décistère ?

308. — 6 pièces de calicot contiennent chacune 25 m. 75 à 1 fr. 25 le mètre : quel est le prix total ?

309. — Quelle est la largeur d'une salle dont la longueur est 6 m. 80 et la surface 29 m. carr. 23 dm. carr. ?

310. — Un marchand de toile qui gagne 0 fr. 20 par mètre en a vendu 490 m. 50 à 1 fr. 15 : combien a-t-il reçu et combien a-t-il gagné ?

311. — Combien peut-on faire de paires de rideaux de 2 m. 15 de long avec une pièce de calicot de 17 m. 20 ?

312. — Quel serait le prix de 25 bouteilles de vin de 0 litre 75 à 0 fr. 90 le litre ?

313. — Une table a 1 m. 10 de long sur 0 m. 90 de large : quelle est sa surface ?

314. — Une pierre a 1 m. 70 de longueur sur 0 m. 80 de largeur et 0 m. 50 d'épaisseur : quel en est le cube ?

315. — On achète 18 douzaines d'abricots à condition d'en avoir 13 pour 12 : combien en aura-t-on et et combien devra-t-on payer à 0 fr. 45 la douzaine ?

316. — Quelle est la superficie totale de trois champs dont le 1er renferme 1 Ha. 60 ares, le 2e 6 Ha. 10 a. 40 ca. et le 3e 2 Ha. 60 ca. ?

317. — Combien faut-il de mètres carrés d'étoffe pour faire 6 paires de rideaux de chacun 1 m. 50 de longueur sur 1 m. 10 de largeur ?

318. — On a payé 312 fr. pour le parquet d'une salle de 24 m. carr. 96 dm. carr. à combien revient le m. carré ?

319. — Combien faut-il de briques de 0 m. 17 de côté pour paver une cour de 21 m. carr. 6 750 cm. carr. ?

320. — Un marchand achète 26 Kg. 750 de beurre

à 2 fr. 40 ; il les revend à 2 fr. 90 : combien reçoit-il et combien gagne-t-il ?

321. — Combien y a-t-il de francs dans une petite boîte pleine de pièces d'argent et pesant 1 Kg., si la boîte vide pèse 160 gr. ?

322. — Un champ de 62 a. 05 ca. a une longueur de 420 m. : quelle est sa largeur ?

323. — Combien paiera-t-on à un ouvrier pour creuser un fossé de 7 m. 70 de long sur 0 m. 50 de large et 0 m. 90 de profondeur à 2 fr 80 le mètre cube ?

324. — Avec une pièce de toile de 40 m., on a fait 12 chemises que l'on a payées 61 fr., y compris la façon qui était de 1 fr. 25 par chemise : quel est le prix du mètre de toile ?

325. — Combien coûtera la peinture d'un plafond de 12 m. 50 de long sur 8 m. 40 de large, à 2 fr. 50 le mètre carré ?

326. — Trois maçons ont élevé un mur de 85 m. de long, 2 m. 70 de haut et 0 m. 40 d'épaisseur, à raison de 3 fr. 20 le m. cube : combien chacun doit-il recevoir ?

327. — Quelle est la capacité d'un bassin de 2 m. de long sur autant de large et 1 m. 20 de profondeur ?

328. — On a acheté 28 Hl. de pommes de terre à 0 fr. 70 le double décalitre : combien doit-on payer ?

329. — Un cultivateur occupe une ferme de 12 Ha. 40 a. Il récolte par hectare 28 Hl. de blé qu'il vend 25 fr. l'hectolitre, et paie par an 2 800 fr. de location : quel est son bénéfice ?

330. — Une vache donne par jour en moyenne 10 litres de lait à 0 fr 30 et mange 27 Kg. de foin à 7 fr. le quintal : quel est le bénéfice par jour ?

331. — Si un cheval consommait par jour 10 Kg. de foin à 0 fr. 19, et 16 litres d'avoine à 0 fr. 11, combien coûterait-il à nourrir pendant une année ?

332. — Une femme tricote des bas à 2 fr. 20 la

paire ; elle en fait 3 paires par semaine : combien gagne-t-elle par an ?

333. — Une coupe de bois de 54 arcs donne 17 st. 55 de bois de chauffage : quel est le produit d'un are, d'un hectare ?

334. — Combien faut-il payer pour 25 litres 5 dl. de charbon à 3 fr. l'hectolitre ?

335. — Un champ de 128 m. 45 de long sur 94 m. 55 de large rapporte 16 Hl. de blé par hectare : combien rapporte-t-il d'hectolitres en tout ?

336. — En échange de 5 Hl. de vin à 0 fr. 60 le litre, on a donné 24 m. d'étoffe à 12 fr. 50 : combien doit-on encore ?

337. — Combien coûtera la peinture de 2 portes de 1 m. 75 de haut sur 0 m. 85 de large, à 1 fr. 40 le mètre carré pour la 1ʳᵉ couche et 1 fr. 60 pour la 2ᵉ ?

338. — Une salle de classe a 9 m. de long sur autant de large et 3 m. 90 de haut : combien renferme-t-elle de mètres cubes d'air ?

339. — Un rouleau de papier à tapisser a 12 m. 50 de long sur 0 m. 45 de large : combien 12 rouleaux font-ils de mètres carrés ?

340. — On fait peindre une porte cochère des deux côtés pour 82 fr. 96 ; la porte a 4 m. 25 de haut et 3 m. 05 de large : combien coûte le mètre carré de peinture ?

341. — Quelle est la hauteur d'une salle qui renferme 114 m. cub. 036 décimèt. cub. d'air, si sa longueur est de 6 m. 80 et sa largeur de 4 m. 30. ?

342. — 12 poutres de 5 m. 5 de long sur 0 m. 25 de surface ont été payées à 130 fr. le mètre cube : combien ont-elles coûté ?

343. — On a acheté 7 douzaines de blouses pour 546 fr. : combien faut-il revendre chaque blouse pour gagner 42 fr. sur le tout ?

344. — 12 pièces de toile de chacune 60 m. coûtent 900 fr. : à combien revient le mètre ?

345. — En revendant cette toile, on a perdu 36 fr. : combien a-t-on revendu le mètre, et combien a-t-on perdu par mètre ?

346. — Un ouvrier gagne par jour 2 fr. 50, et dépense 1 fr. 60 ; il est 60 jours par an sans travailler combien lui reste-t-il au bout d'un an ?

347. — Un champ d'un hectare produit 28 Hl. 5 Dl. de froment : combien produira un autre champ de 218 a. 25 ca. ?

348. — Combien de litres d'eau peut contenir un bassin de 2 m. 20 de long sur 1 m. 15 de large et 0 m. 90 de profondeur ?

349. — Combien aura-t-on de kilogrammes de café pour 54 fr. 40 à 3 fr. 20 le kilogramme ?

350. — Combien coûtera un champ de 128 a. 50 ca, à 1 200 fr. l'hectare ?

351. — D'un tonneau d'huile on a ôté d'abord 25 bouteilles de 0 litre 75, on a empli une dame-jeanne de 8 litres 50 et 2 autres de chacune 4 litres 80 ; il en reste encore 12 litres 50 : quelle est en litres la contenance du tonneau ?

352. — Une marchande de fruits a acheté 180 Kg. de groseilles à 0 fr. 15 : combien doit-elle revendre le kilogramme pour gagner 18 fr. sur ce marché ?

353. — Une pile de bûches a 5 m. 50 de haut sur 5 m. 40 de large et 6 m. 60 de long : combien renferme-t-elle de stères de bois ?

354. — Combien faudrait-il de mètres carrés de papier pour tapisser les 4 murs d'une salle de 8 m. 50 de long sur 8 m. 80 de large et 3 m. 50 de haut, en déduisant 4 fenêtres de 1 m. 70 de haut sur 0 m. 90 de large, et 2 portes de chacune 2 m. de haut et 1 m. 10 de large ?

355. — Combien coûtera cette tapisserie si on em-

ploie des rouleaux de papier de 9 m. 215 de long sur
0 m. 60 de large, à 0 fr. 75 le rouleau ?

356. — Un mouton produit par an 456 Kg. de fumier : combien faut-il de moutons pour en avoir en
un an 20 520 Kg. ?

357. — Quel est le poids de 15 Hl. de lentilles
lorsque le décalitre pèse 8 Kg. 3 Hg. ?

358. — Un menuisier a fourni 20 planches de
3 m. 75 de long sur 0 m. 35 de large et 0 m. 02
d'épaisseur à 75 fr. le mètre cube : combien doit-il
recevoir ?

359. — D'un pain de sucre de 8 Kg. 750 gr. on ôte
d'abord 1 Kg. 200 gr., puis 2 Hg 50 gr., ensuite
875 gr. et 3 Kg. 50 gr. : combien en reste-t-il ?

360. — On a payé 36 052 fr. 80 pour 2 436 sacs de
charbon dont chacun contient 1 Hl. 60 litres : à quel
prix revient l'hectolitre ?

361. — Un marchand de vin en achète 4 barriques
de chacune 220 litres à 0 fr. 40 ; il perd 5 litres de lie
dans chaque pièce, et les frais de transport s'élèvent à
22 fr. 50 pour les 4 pièces : à combien le vin lui revient-il le litre ?

362. — Combien devra-t-on vendre ce vin pour
gagner 227 fr. 50 sur le tout ?

363. — Un arc de taillis donne 45 st. 5 dst. de
bois : combien donneraient 85 m. carr. de ce taillis ?

364. — Un tapis de 4 m. 50 de long sur 3 m. 75
doit être doublé avec de la toile de 0 m. 75 de large :
combien en faut-il de mètres ?

365. — Combien pèse un sac renfermant 120 fr.
en monnaie de cuivre, le sac vide ne pesant que 25 gr. ?

366. — Combien faut-il de mètres carrés de papier
pour lambrisser une salle de 7 m. 75 de long sur
6 m. 45 de large, le lambris devant avoir 0 m. 80 de
haut ?

367. — Quelle est la hauteur d'une pile de bois de 51 st. 6, lorsque la longueur de la pile est de 8 m. et sa largeur de 2 m. 15 ?

368. — On a acheté 230 m. de drap à 12 fr. 50 le mètre : à combien reviennent le décimètre et le centimètre ?

369. — Une petite fille use chaque année 2 robes de 8 fr. 50, 2 paires de chaussures à 4 fr., divers autres objets pour 44 fr. Si son père gagne 3 fr. par jour, combien lui faut-il de jours pour gagner de quoi habiller sa petite fille?

370 — Une ménagère dépense chaque jour pour 0 fr. 25 de café et de sucre : à combien s'élève cette dépense au bout d'un an ?

371. — Combien coûtent 15 H. de pommes de terre, à 0 fr. 65 le double-décalitre ?

372. — Quelle est la surface d'une allée de 8 m. 50 de long sur 1 m. 75 de large ?

373. — Le long d'une route de 8 Km. 85, on veut planter des arbres de chaque côté : combien en faut-il en les plaçant à 15 m. de distance l'un de l'autre ?

374. — Le pavé d'une salle renferme 36 rangées de 45 briques ; chaque brique a 0 m. 17 cm. de côté : quelle est la surface de cette salle ?

375. — Un hectare de terrain produit environ 270 quintaux de betterave : combien en produira un champ de 235 a. 50 ?

376. — Quel devra être le volume d'une caisse devant contenir 50 volumes de 0 m. 16 de long sur 0 m. 12 de large et 0 m. 04 d'épaisseur ?

377. — Un marchand a acheté 25 m. de drap à 15 fr. 50 ; il a vendu 15 m. à 18 fr. : combien devra-t-il vendre le reste pour gagner 50 fr. sur le tout ?

378. — Une marchande de légumes a acheté 400 pieds de salade pour 16 fr. ; elle revend chacun

0 fr. 10 ; mais il s'en est gâté 25 : combien a-t-elle gagné ?

379. — Un tonneau de vin de 120 litres à coûté 78 fr. : à combien revient le litre ?

380. — Combien faut-il payer pour 3 000 bouchons à 3 fr. 75 le cent ?

381. — Un champ de 6 205 m. carr. a rapporté 42 douzaines de gerbes de blé, chaque douzaine a rendu 22 Kg. de grain et 40 Kg. de paille : combien ce champ a-t-il rapporté par hectare ?

382. — Le mètre carré de peinture coûte 3 fr. 20 : on demande la surface d'une porte cochère que l'on aurait fait peindre pour 41 fr. 48 ?

383. — On a acheté 1 000 briques de 0 m. 17 de côté : on demande quelle surface de terrain on pourra paver avec ces briques ?

384. — Un hectolitre de blé pèse 79 Kg. : combien pèseront 25 sacs contenant chacun 1 Hl. 5 Dl. ?

385. — En revendant ce blé 33 fr. le quintal, quelle somme devra-t-on recevoir ?

386. — Quelle somme d'argent faut-il pour peser un kilog. ?

387. — Quel serait le poids d'un hectolitre d'eau, si elle était pure ?

388. — Un litre d'air pèse 13 décigr. : quel est le poids de l'air contenu dans une salle de 8 m. de long sur 6 m. 80 de large et 3 m. 90 de haut ?

389. — Un hectolitre de blé pesant 80 Kg., combien faut-il de litres pour 1 quintal ?

390. — Combien coûteraient 750 gr. de gomme arabique à 4 fr. 20 le kilog. ?

391. — On a acheté un tonneau d'huile de 50 litres ; il s'en est perdu 2 litres 25 ; on avait payé le litre 0 fr. 80 : en revendant cette huile 0 fr. 95 le litre, combien gagnera-t-on sur le tout ?

392. — On veut carreler un appartement de m. 50 de long sur 5 m. 80 de large avec des carreaux de 0 m. 25 de côté : combien en faudra-t-il ?

393. — Un marchand a acheté 22 Hl. de blé à 19 fr. l'hectolitre ; il le revend 4 fr. 20 le double-décalitre : combien a-t-il gagné ?

394. — 115 Kg. de café coûtent 348 fr. 45 : à combien reviennent le kilog. et l'hectog. ?

395. — Quelle est la longueur d'une allée de jardin de 22 ca. 8 de terrain, ayant 1 m. 90 de largeur ?

396. — Combien renferme de francs et de centimes une somme de 5 050 gr. en monnaie de cuivre ?

397. — Évaluez en ares et centiares la surface d'un champ de 12 m. 40 de long sur 9 m. 45 de large.

398. — Deux ouvriers gagnent chacun 2 fr. 15 par jour ; le 1er a déjà gagné 53 fr. 75 et le 2e n'a gagné que 17 fr. 20 : combien de jours celui-ci doit-il travailler pour avoir la même somme ?

399. — Deux pièces de vin de chacune 125 litres ont coûté ensemble 137 fr. 50 : à combien reviennent le décalitre et le litre ?

400. — Combien de kilomètres et de mètres parcourt en une journée un facteur qui marche pendant 8 heures en faisant à chacune 4 Km. 2 Hm. ?

401. — Dans un champ de 1 Ha. 30 a., on a ensemencé 42 a. 20 en blé, 50 a. 40 en luzerne, 25 a. en avoine, et le reste en pommes de terre : combien y a-t-il de terrain pour cette dernière semence ?

402, — On a vendu 75 Kg. de prunes et 10 Kg. d'abricots pour 8 fr. 50, les abricots à 0 fr. 25 : combien a-t-on vendu les prunes ?

403. — Une caisse de marchandise en contient 35 Kg. 750 à 2 fr. 40 le kilog ; pour gagner 14 fr. 30, combien doit-on vendre le kilog. ?

404. — Quelle est la surface d'un plancher où se

4

trouvent 44 planches de 0 m. 18 de large sur 5 m. 30 de long ?

405. — Pour engraisser 12 oies, il faut à chacune 40 litres de grain à 12 fr. l'hectolitre ; si chacune a coûté 3 fr. 50, à combien revient une oie grasse ?

406. — Chaque oie fournit 2 Kg. 7 de graisse à 2 fr. 50 ; 2 Kg. 5 de viande à 1 fr. 30 ; le foie et les plumes valent 2 fr. 60 : quel bénéfice fait-on sur les oies que l'on a engraissées ?

407. — Un ouvrier doit gagner 18 fr. 50 pour scier le blé d'un hectare de terrain ; il n'en scie que 32 a. 50 : on demande ce qu'il doit recevoir et ce qui reste à scier ?

408. — Une lampe brûle en 18 heures 1 Kg. d'huile de 1 fr. 50 : combien coûtera l'éclairage d'une maison où, pendant 4 mois, la lampe brûle 6 heures par jour ? (Compter les mois de 30 jours.)

409. — Un cheval consomme environ 12 Kg. de fourrage par jour : combien en faut-il de quintaux pour nourrir 3 chevaux pendant 4 mois ?

410. — Combien d'hectolitres de vin a produit une vigne de forme rectangulaire de 320 m. de long sur 150 m. 5 de large, lorsqu'elle produit 1 Hl. 20 de vin par are ?

411. — A combien revient le produit de cette récolte, si les frais de culture se sont élevés à 350 fr., et si l'on revend ce vin à 0 fr. 35 le litre ?

412. — Une petite fille perd habituellement 1 heure 45 min. à s'amuser pendant la classe du matin et 35 min. à celle du soir : combien de temps perd-elle pendant une année de 260 jours de classe ?

413. — Combien y a-t-il d'heures et de minutes dans une année de 365 jours ?

414. — Combien doit-on trouver de petites bornes marquant les hectomètres sur une route de 4 Km. ?

415. — Que faut-il ajouter à une somme de 12475 fr. pour avoir 25 000 fr. ?

416. — Si un marchand gagne 0 fr. 05 par hectogramme sur une marchandise, combien aura-t-il gagné quand il en aura vendu 355 Kg. 125 ?

417. — Quel est le prix total de 22 Hl. de blé à 18 fr. 96 et de 34 doubles-décalitres à 2 fr. 70 le décalitre ?

418. — Que doit-on payer pour une planche de 3 m. 75 de long, sur 0 m. 25 de large et 0 m. 02 d'épaisseur à 25 fr. le mètre cube ?

419. — Si un hectogramme de poivre coûte 0 fr. 30, combien coûteront 15 Kg. 750 ?

420. — Un baril d'amidon pèse net 75 Kg. et coûte 82 fr. 50 : à combien revient le kilogramme ?

421. — Quelle longueur doit-on donner à des bûches pour avoir un stère de bois lorsque les montants sont de 0 m. 80 ?

422. — Quelle sera la hauteur des montants pour 1 st., si les bûches ont 0 m. 92 ?

423. — Une classe de 8 m. 50 de long sur autant de large est occupée par 56 élèves : quelle est en mètres et en décimètres carrés la place qui revient à chacun ?

424. — Évaluez en hectares, ares et centiares une propriété de 248 m. de longueur sur 198 m. de largeur ?

425. — Une personne met de côté 0 fr. 10 chaque jour de la semaine et 0 fr. 20 le dimanche : combien aura-t-elle économisé en 3 ans de 365 jours ?

426. — Angèle fait à la récréation une petite paire de bas en 2 semaines ; elle en retire 1 fr. 25 qu'elle donne pour la Sainte-Enfance ; s'il faut encore 0 fr. 30 pour acheter un petit chinois, combien Angèle en sauvera-t-elle par an ?

427. — Si un hectare de terre rapporte 13 quintaux 90 Kg. de froment, combien rapporteront 1 a. et 1 ca. ?

428. — Combien y a-t-il de feuilles de papier dans 26 rames de chacune 20 mains contenant 25 feuilles ?

429. — Il a fallu 87 m. 72 d'étoffe à 6 fr. 80 le mètre pour faire trois robes : combien de mètres a-t-il fallu pour chacune et quel en est le prix ?

430. — Un rouleau de papier de 25 m. 70 de long sur 0 m. 60 de large a coûté 1 fr. 50 : à combien revient le mètre carré ?

431. — Combien doit-on payer un peintre qui a donné 2 couches de peinture à 3 portes de 1 m. 75 de haut sur 1 m. 10 de large, à 1 fr. 20 le mètre carré pour la première couche de peinture, et 1 fr. 80 pour la seconde ?

432. — Combien de mois et de jours a vécu un enfant qui vient de mourir âgé de 11 ans 7 mois 10 jours ?

433. — Si un marchand gagne 0 fr. 30 par chaque kilog. de marchandise qu'il vend, combien gagne-t-il pour un hectogramme, un décagramme, un gramme ?

434. — Une enfant gagne 12 bons points par jour pendant 6 mois de 25 jours de classe ; ensuite elle en perd 60, puis 25 : combien lui en reste-t-il ?

435. — Louise apprend par cœur 50 lignes en une heure : en combien d'heures aura-t-elle appris une histoire de 2 700 lignes ?

436. — Combien de litres d'eau peut contenir un bassin de 1 m. 50 de long sur 1 m. 10 de large et 0 m. 60 de haut ?

437. — Dans une famille de 5 personnes on dépense annuellement 2 171 fr. 75 : à combien revient la dépense par jour : 1° pour tous ; 2° pour chaque personne ?

438. — Combien coûteront 24 Hl. 5 Dl. de pommes de terre à 0 fr. 70 le double-décalitre ?

439. — Si 1 Hg. de thé coûte 1 fr. 20, combien coûteront 8 Kg. 750 ?

440. — On a payé 40 fr. 65 pour 3 m. de calicot et

7 m. de soie ; le calicot coûte 1 fr. 30 le mètre : quel est le prix du mètre de soie ?

441. — Combien faut-il ajouter l'une à l'autre de règles de 0 m. 625 mm. pour avoir une longueur de 26 m 875 ?

442. — Une marchande de légumes achète 160 têtes de choux-fleurs pour 11 fr. 20 ; il s'en gâte 10 qui ne peuvent être revendus ; elle revend les autres et gagne 7 fr. 55 : combien les revend-elle la pièce ?

443. — Quel est en stères le volume d'une pile de bois de 5 m. 50 de long sur 2 m. 30 de large et 1 m. 90 de haut ?

444. — Combien d'heures et de minutes emploie au sommeil pendant une année une personne qui y consacre 8 heures par jour ?

445. — Quelle hauteur doit-on donner aux montants pour le double-stère lorsque les bûches ont 0 m. 75 de longueur ?

446. — Quelle est la longueur des bûches pour le double-stère lorsque les montants s'élèvent à 1 m. 30 ?

447. — Combien y a-t-il de lignes tracées dans une main de papier de 25 feuilles, si la feuille en contient 26 à chaque page ?

448. — Un mètre cube d'eau de mer pèse 1 026 Kg. : combien pèse : 1° 1 litre ; 2° 1 Hl. ; 3° 1 Dl. ?

449. — Quel sera le prix d'un fromage de 7 Kg. 785 à 1 fr. 05 le kilog. ?

450. — A 1 fr. 80 le kilog. de sucre, combien en aura-t-on de grammes pour 0 fr. 45 ?

451. — Combien se trouve-t-il de lettres dans 50 feuilles de papier dont chaque page a 24 lignes et chaque ligne 52 lettres ?

452. — Si 1 m. de fil de fer pèse 8 gr., combien y aura-t-il de mètres dans 720 Dg. ?

453. — Combien faut-il de toile cirée pour couvrir une table de 0 m. 75 de long sur 0 m. 50 de large, et combien coûtera-t-elle à 2 fr. 25 le mètre carré ?

454. — Quel est le prix d'un tapis de 5 m. 50 de côté à 6 fr. 80 le mètre carré ?

455. — Combien faut-il de mètres de toile de la largeur de 1 m. 25 pour doubler ce tapis ?

456. — A combien revient le kilog. de sel à 18 fr. 50 le quintal ?

457. — Si en 1 jour on fait 2 décimèt. d'une broderie, en combien de jours en fera-t-on 10 m. ?

458. — Le son parcourant 340 m. par seconde, quelle est la distance d'un orage lorsqu'on a vu l'éclair 7 secondes avant d'entendre le coup de tonnerre ?

459. — Une classe de 46 m. de surface a 4 m. de haut et renferme 45 élèves · quelle est en mètres et en décimètres cubes la part d'air qui revient à chacune?

460. — Si un écheveau de laine coûte 0 fr. 08, combien en aura-t-on pour 5 fr. 60 ?

461. — Combien doit coûter une barre de fer de 12 Kg. 6 à 2 fr. 70 le quintal ?

462. — Quelle est en décimètres cubes la capacité d'un tonneau qui contient 120 litres 70 de bière ?

463. — Eugénie copie 60 lignes en 1 heure : combien copiera-t-elle en 8 heures 30 min. ?

464. — On monte à une tour par un escalier de 190 marches de chacune 265 millimèt. : quelle est la hauteur de cette tour ?

465. — Combien a-t-il fallu de mètres cubes de planches pour les marches de cet escalier, si chacune a 1 m. 15 de long sur 0 m. 38 de large et 0 m. 03 d'épaisseur ?

466, — A combien revient cet escalier si on a payé les planches à 30 fr. le mètre cube, et que les autres dépenses s'élèvent à 290 fr. ?

467. — On veut scier en 10 une pierre d'un mètre cube : quel sera : 1° la surface ; 2° le volume de chacune des dix parties ?

468. — Si cette pierre coûtait 0 fr. 025 le décimètre cube, quelle serait le prix : 1° de la pierre entière ; 2° de chacune des dix parties ?

469. — Quel est le poids total de 50 fr. en pièces de 0 fr. 10 et de 7 fr. 50 en pièces de 0 fr. 02 ?

470. — Quelle est la distance entre deux villes lorsque sur la route sont plantés 1 360 arbres de chaque côté à 16 m. de distance l'un de l'autre ?

471. — Quel est le prix d'un tableau de 2 m. 20 de large sur 2 m. 60 de long, à 6 fr. le décimètre carré ?

472. — Combien coûteront 12 paquets de 25 aiguilles à 0 fr. 75 le cent ?

473. — Combien peut-on mettre de vin dans 180 bouteilles de 0 litre 75 ?

474. — D'un tonneau de bière de 80 litres, on a retiré 23 bouteilles de 0 litre 75, puis 3 Dl. 5 : combien en reste-t-il encore ?

475. — Combien compte-t-on de secondes dans un mois de 31 jours ?

476. — Un charcutier achète un porc 95 fr. ; il revend le lard 1 fr. 80 le kilogramme et retire 15 fr. des bas morceaux : combien a-t-il vendu de kilogrammes de viande, sachant qu'il a gagné 22 fr. 60 sur ce marché ?

477 — Un marchand a acheté 65 m. de toile pour 74 fr. 75 ; il veut gagner 0 fr. 20 sur chaque mètre : combien doit-il la revendre ?

478. — 4 barres de fer de 1 m. de long sur 3 centimèt. carr. sont payées à raison de 4 fr. 50 le décimètre cube : que coûtent-elles ?

479. — Le gramme étant le poids d'un centimètre cube d'eau pure, quel est le poids d'un litre, d'un hectolitre d'eau pure ?

480. — Quand, d'une citerne qui contenait 3 mèt. cub. d'eau, on a ôté 50 litres. 25 centil., ensuite 12 lll. 7 litres, combien y reste-t-il encore de litres ?

481. — Quelle serait en argent monnayé la somme qui pèserait 180 Kg. 500 gr. ?

482. — Un homme qui met 10 minutes pour faire 1 Kg. doit parcourir un espace de 22 Km. 70 Dm. : combien lui faudra-t-il de temps ?

483. — Quel est le nombre de pièces de 0 fr. 05 dont le poids égale 1 Kg. 250 gr. ?

484. — Combien de stères de bois peut contenir une remise de 3 m. de haut, sur 5 m. 50 de long et 1 m. 90 de large ?

485. — On a acheté 1 768 pierres de 135 décimèt. cub. à 52 fr. le mètre cube : combien doit-on payer ?

486. — Combien doit coûter une pierre de 1 m. 50 d'arête à 50 fr. le mètre cube ?

487. — Combien coûteraient 16 st. 7 dst. de bois à 22 fr. le mètre cube ?

488. — Un voiturier doit charrier 7 110 fagots ; combien en fera-t-il de voitures s'il n'en met que 90 sur chacune ?

489. — Si on le paie à 3 fr. le cent, combien recevra-t-il ?

490. — Lorsque 720 litres de trèfle se vendent 864 fr., à combien revient l'hectolitre ?

491. — Si un cheval parcourt 1 Km. en 5 minutes, combien en fera-t-il en 4 heures 25 min. ?

492. — Combien pèse l'eau pure contenue dans une bouteille de 0 litre 75 cl.

493. — Quel espace occupe dans la classe une carte de France de 1 m. 40 de long, sur 1 m. 50 de large ?

494. — En quelle année est née une personne qui aura 45 ans en 1889 ?

495. — Un hectolitre de blé pèse 80 Kg., combien faut-il d'hectolitres et de litres pour 10 quintaux ?

496. — Un hectare de vignes rapporte 21 Hl. 63 litres de vin à 0 fr. 35 le litre : quel bénéfice aura-t-on si les frais de culture s'élèvent à 635 fr. ?

497. — Combien y a-t-il de pièces de 0 fr. 02 dans une somme qui pèse 720 gr. ?

498. — Combien dépense par semaine, par mois et par an pour de l'eau-de-vie, un homme qui en consomme pour 0 fr. 15 par jour ?

499. — On veut faire 4 paires de rideaux de chacun 1 m. 90 de long sur 1 m. 80 de large, avec de l'étoffe de 0 m. 60 de large : combien en faut-il de mètres ?

500. — A combien reviendra la paire de rideaux, l'étoffe coûtant 2 fr. 20 le mètre, si on paie 6 fr. 80 de façon pour les quatre paires?

501. — Un ouvrier a bêché dans une journée 3 a. 25 ca. de terrain : combien 10 ouvriers pendant 10 jours pourront-ils bêcher de ce même terrain ?

502. — Napoléon 1er est né en 1769, et il est mort en 1821 : combien d'années a-t-il vécu ?

503. — Quel est le prix de 850 carreaux à 3 fr. 25 le cent ?

504. — Un pépiniériste vend 2 350 arbres à 150 fr. le cent et promet d'en livrer 104 pour 100 : combien recevra-t-il et combien lui faudra-t-il livrer d'arbres ?

505. — Quel est le prix de 6 725 Kg. de foin à 6 fr. 75 le quintal?

506. — S'il faut 3 m. 25 de drap à 10 fr. pour habiller un homme, combien coûtera l'habillement de 10 compagnies de chacune 100 hommes ?

507. — La 1re croisade eut lieu sous Philippe 1er en 1099 ; la dernière sous saint Louis en 1270 : combien d'années ont duré ces expéditions ?

508. — Quel est en décimètres cubes le volume de 2 Kg. 820 gr. d'eau ?

509. — A 25 fr. le quintal de froment et à 18 fr. le quintal de seigle, combien faut-il de seigle en échange de 72 quintaux de froment ?

510. — Un cultivateur achète dans une forêt 67 fagots à 23 fr. le cent ; combien doit-il payer ?

511. — Combien doit-on payer pour 1 a. de terrain à 20 000 fr. l'hectare ?

512. — Le poids de la pièce de 100 fr. étant 32 gr. 258 mg., quelle est la valeur d'un gramme d'or monnayé ?

513. — Quel est le prix d'une préparation médicale du poids de 7 gr. 5 dg. au prix de l'or monnayé ?

514. — Une substance vaut à poids égal le quart du prix de l'or monnayé : quelle est la valeur de 76 gr. 5 dg. de cette substance ?

515. — Un père et son fils ont ensemble 82 ans ; le père a 34 ans plus que son fils ; quel est l'âge de chacun ?

516. — Lorsque le centimètre cube d'une marchandise coûte 5 centièmes de centime, quel est le prix du décimètre cube et du mètre cube ?

517. — Donner en mètres cubes le total des nombres suivants : 45 dst ; 45 dmc. ; 7 dmc. 85; 8 275 cmc.; 74 Dst. ; 152 Dst. 85; 7 dst. 48.

518. — On arrange une pile de bûches ayant 12 m. 50 de longueur; les bûches ont 1 m. 20 de long : quelle hauteur faut-il donner à cette pile pour qu'elle contienne 22 st. 5 dst. de bois ?

519. — A raison de 5 fr. 50 le décistère, combien vaut un madrier qui a 4 m. 25 de long, et 2 décimèt. sur 5 d'équarrissage ?

520. — On a payé 1 fr. 50 une planche de sapin qui a 4 m. 2 de long sur 23 cm. de large et 0 m. 3

d'épaisseur : combien est vendu le mètre cube, le décimètre cube et le décistère ?

521. — Trouver le volume d'un cube dont le côté
est égal à 10 m. ?

522. — Combien faut-il payer pour un mur de
18 m. 7 dm. de long, sur 0 m. 35 d'épaisseur et
4 m. 75 de hauteur à 18 fr. 50 le mètre cube ?

523. — Les trois dimensions d'un tas de fumier
sont 4 m., 3 m. et 1 m. : combien contient-il de
mètres cubes ?

524. — On a des boîtes de 2 décimèt. de long,
autant de large et 1 décimèt. de haut : combien en
faut-il pour emplir 1 mèt. cub. creux ?

525. — Si j'avais 78 fr. de plus, je pourrais payer
254 fr. que je dois et il me resterait encore 14 fr. :
combien ai-je ?

526. — On obtient 10 fr. 50 pour % de remise sur
le prix d'achat de 10 douzaines de couteaux à 25 fr. : à
combien revient chaque douzaine ?

527. — Quelle est la somme en or qui égale un
poids de 1 Kg. 500 gr. ?

528. — La différence de 2 nombres est 789 ; le
plus grand est 1 778 : quel est le plus petit ?

529. — On veut échanger de la paille qui vaut
45 fr. les 100 bottes contre du foin qui vaut 75 fr. les
mille kilog. : combien aura-t-on de kilog de foin pour
375 bottes de paille ?

530. — Un décimètre cube de fer pesant 7 Kg. 788,
combien y a-t-il de décimètres cubes dans 140 Kg. 184 ?

531. — J'ai gagné 0 fr. 20 par mètre en revendant
de la toile 1 fr. 40 ; si j'ai gagné 64 fr., combien en
ai-je vendu de mètres et combien ai-je reçu ?

532. — Combien de familles peut-on assister avec
1 270 Dst. de bois, en donnant 4 st. à chacune ?

533. — Combien avait-on payé pour ce bois à 1 fr. 75 le décistère ?

534. — Si un stère de bois donne 0 mèt. cube 325 décimèt. cub. de charbon, combien a-t-il fallu de stères pour donner 9 mèt. cub. 870 décimèt. cub. de charbon ?

535. — Combien faut-il payer pour 1 Dl. de haricots à 0 fr. 45 le kilogramme, sachant qu'un hectolitre pèse 76 Kg. ?

536. — Un marchand coutelier a acheté 50 douzaines de couteaux pour 210 fr. ; il les revend 0 fr. 50 la pièce : combien gagne-t-il sur chacun et sur le tout ?

537. — Un hectare de terrain produit 32 Hl. 50 d'avoine ; quel est le produit d'un champ de 4 Ha. 25 a. 50 ca. à 7 fr. 20 l'hectolitre ?

538. — Six paniers contenant chacun 250 pommes ont été vendus à 1 fr. 40 le cent ; si on les revend 2 pour 0 fr. 05 : combien gagne-t-on ?

539. — Quelle est la hauteur d'un mur qui a 14 m. 50 de longueur sur 0 m. 70 d'épaisseur et qui coûte 2 030 fr. à raison de 50 fr. le mètre cube ?

540. — Deux personnes partent en même temps de deux villes distantes de 1 020 Km. ; l'une fait 36 Km. par jour et l'autre 32 ; au bout de combien de jours se rencontrent-elles ?

541. — Un marchand a acheté 2 coupons de drap de même largeur et de même qualité ; l'un qui a 3 m. 75 plus que l'autre a coûté 432 fr. et l'autre 372 fr. : quelle est la longueur de chaque coupon ?

542. — On achète 180 m. de flanelle pour 1 575 fr. : combien gagne-t-on par mètre en la revendant 10 fr. le mètre ?

543. — On mêle 84 douzaines de pommes à 0 fr. 25 la douzaine avec 48 douzaines à 0 fr. 20 : combien faut-il revendre la douzaine pour gagner 9 fr. sur le tout ?

544. — Une pièce de vin de 235 litres a coûté

230 fr. 75 y compris le fût qui vaut 7 fr. 50 : combien ce vin coûte-t-il l'hectolitre ?

545. — Quel est le prix de 38 a. de vignes à 2 400 fr. l'hectare ?

546. — Le quintal métrique d'une marchandise coûte 295 fr. 50 à combien revient le décagramme ?

547. — Combien y a-t-il de jours dans 11 717 minutes ?

548. — Combien coûteront 1 648 litres de vin à 26 fr. 75 l'hectolitre, et combien gagne-t-on en les revendant 0 fr. 32 le litre ?

549. — Un terrain de 36 Ha. 58 a. 45 ca. doit être planté de châtaigniers ; chaque are contient 8 de ces arbres : si on les achète 2 fr. 35 la pièce, combien dépensera-t-on ?

550. — Un marchand achète 158 Kg. de marchandise pour 363 fr. 40 ; il les revend 2 fr. 50 le kilogramme : combien gagne-t-il sur le tout et sur 1 Kg. ?

551. — Un tailleur fait 24 habits avec une pièce de drap de 600 fr. : combien doit-il vendre chaque habit pour gagner 120 fr. sur cette pièce de drap, la façon et les fournitures s'élèvant à 22 fr. 40 pour chaque habit ?

552. — Un marchand a acheté 578 m. de drap, moitié à 15 fr. 80, moitié à 12 fr. 50 ; combien doit-il payer si on lui fait une remise de 2 %. ?

553. — Combien faut-il d'heures à 2 robinets dont l'un verse par minute 14 litres et l'autre 16 pour emplir un bassin de 76 Hl. 80 ?

554. — Quelle est la longueur d'une pièce de drap qui a coûté 891 fr., sachant qu'en en revendant 24 m. pour 396 fr. on a gagné 1 fr 50 par mètre ?

555. — Un marchand a acheté 1 572 assiettes à 12 fr. 50 le cent ; il veut gagner 75 fr. : combien doit-il revendre chaque assiette? Les frais de transport ont été de 28 fr. 50 et 72 assiettes ont été cassées.

556. — Que faut-il payer pour le transport de

63 425 fr. en monnaie d'argent à 17 fr. les 100 Kg. ou le quintal ?

557. — Quelle est 1° en mètres cubes ; 2° en litres, la capacité d'un vase qui pèse vide 545 gr. et qui plein d'eau pèse 8 Kg. 615 ?

558. — On veut mettre 386 litres 40 de vin en bouteilles. On emplit d'abord 140 bouteilles de 0 litre 5 ; 50 de 0 litre 85, le reste de 0 litre 60 : combien en faut-il de cette dernière contenance ?

559. — Quel est le prix de 81 objets à 28 fr. le cent ?

560. — Un cultivateur vend 45 sacs d'avoine pesant chacun 78 Kg. à 13 fr. 50 le quintal : combien doit-il recevoir ?

561. — On a vendu 25 quintaux de blé à 24 fr. le quintal ; en les livrant, chaque sac qui devait peser 1 quintal, ne pèse plus que 98 Kg. 25 par suite de la dessication. Que doit-on recevoir de moins et quelle somme touchera-t-on ?

562. — Un cultivateur a vendu 17 quintaux de blé à 25 fr. 75 le quintal : que recevra-t-il si on lui retient 0 fr. 05 par quintal pour le portefaix ?

563. — Une pendule avance depuis 48 heures de 3 minutes toutes les 8 heures : quelle est l'heure exacte quand elle marque midi ?

564. — Combien un marchand doit-il revendre de pommes pour gagner 5 fr., sachant qu'il paie 0 fr. 20 pour 7 pommes, et qu'il les revend 0 fr. 25 ?

565. — On veut soufrer une vigne de 3 Ha. 07 : combien faudra-t-il de kilog. de soufre, sachant qu'il en faut 12 par hectare ?

566. — Si ce soufre coûte 41 fr. 50 le quintal, et qu'on emploie par hectare 3 jours de travail à 2 fr. 75, à combien revient le soufrage de cette vigne ?

567. — Sur 850 Kg. de miel qui avaient coûté 1 190 fr., on a gagné 75 fr. : combien aurait-on dû vendre le kilog. pour gagner encore autant ?

568. — 3 personnes se sont partagé une somme ;

la 1re a eu 1 250 fr. ; la 2e a eu 48 fr. de moins et la 3e autant que les deux autres, moins 140 fr. : quelle était la somme à partager ?

569. — Une fermière vend son beurre 0 fr. 10 plus cher par kilog. parce qu'il est d'une propreté minutieuse : quel est son bénéfice en 1 an, si elle en livre 12 Kg. 5 par semaine ?

570 — Cette ménagère vend par semaine 18 fromages 0 fr. 05 de plus que les autres : quel est, au bout de l'année, le bénéfice total que sa propreté lui procure pour son fromage et pour son beurre ?

571. — Un litre de bon lait pèse 1 Kg. 03 : combien y a-t-il de litres dans 34 Kg. 82 de ce liquide ?

572. — Un bœuf a consommé 1 900 Kg. de foin et il a engraissé de 62 Kg. Combien de kilog. de foin a-t-il fallu pour produire 1 Kg. de poids vivant ?

573. — L'engraissement du bœuf ayant duré 125 jours, combien a-t-il augmenté en moyenne par jour ?

574. — Un veau de 35 Kg. pèse 90 jours après 185 Kg. ; mais il a consommé 1 880 litres de lait. Combien a-t-il fallu de litres de lait pour 1 Kg. de poids vivant ?

575. — Ce veau a été vendu 124 fr. le quintal : combien 1 litre de lait a-t-il été payé ?

576. — Que doit-on payer pour 75 Dst. 9 de bois à 1 fr. 50 le décistère ?

577. — Que faut-il payer pour 24 litres de bière à 22 fr. l'hectolitre ?

578. — Quel est le volume métrique de 25 litres d'eau ?

579. — Si j'avais 350 fr. de plus, je pourrais payer 800 fr. que je dois, et il me resterait 45 fr. : combien ai-je ?

580. — Si j'avais 320 fr., il me manquerait encore 85 fr. pour payer une facture de 928 fr. : combien ai-je d'argent ?

52 EXERCICES ET PROBLÈMES

581. — Une caisse de chandelles de 128 Kg. 045 coûte 145 fr. 45. La caisse vide pèse 8 Kg. 545; les frais de transport s'élèvent à 19 fr. 825 : à combien revient le kilog ?

582. — Si le marchand veut gagner 43 fr. 50 sur cet achat, combien doit-il vendre le demi-kilog. de chandelles ?

583. — L'hectolitre de blé coûtant 18 fr., combien en aura-t-on pour 1 404 fr. ?

584. — Un homme dépense 1 fr. 50 par jour : combien de jours pourra-t-il vivre avec 300 fr. ?

585. — Un voiturier doit transporter, à 1 Mm. de distance, 5 st. de bois de chêne, 1 Dst. 7 st. de bois de charme et 15 st. 5 de bois blanc ; combien recevra-t-il s'il est payé à 0 fr. 11 par stère et par kilomètre ?

586. — Une nappe en toile damassée a coûté 29 fr. 75 ; sa largeur est de 1 m. 75 : quelle est sa longueur, cette toile valant 4 fr. le mètre carré ?

587. — A raison de 0 fr. 20 par mètre carré, combien faut-il payer pour cultiver un champ de 22 ares ?

588. — Si on paie 620 fr. pour un bloc de marbre de 3 m. 70 de haut, 2 m. de large et 2 m. 50 de longueur, à combien revient le mètre cube ?

589. — Si 1 mèt. carré produit en moyenne 3 Kg. 125 de betteraves, quel sera le produit de 68 Ha. 33, si on vend le quintal 1 fr. 50 ?

590. — Une personne a acheté 68 Ha. 33 de terrain pour 103 861 fr. 60 : à combien revient le mètre carré ?

591. — Lorsque 700 Kg. de betteraves donnent 49 Kg. de sucre, combien faut-il de kilog de betteraves pour 1 Kg. de sucre ?

592. — Un propriétaire a un revenu de 13 140 fr. : combien peut-il dépenser par mois et par jour ?

593. — Lorsque le kilog. de mercure coûte 6 fr. 80, quel est le prix de 200 grammes ?

594. — Si, pour tirer un mètre cube d'eau, il faut 6 minutes, combien de temps faut-il pour vider une citerne de 3 m. 50 de long sur 2 m. 40 de large et 4 m. 30 de profondeur?

595. — Si l'on paie 238 fr. pour 14 Kg. de marchandise, combien paiera-t-on : 1° pour 17 Kg. ; 2° pour 19 Kg.; 3° pour 23 Kg. ; 4° pour 29 Kg.; 5° pour 37 Kg. ; 6° pour 43 et 7° pour 53 Kg. ?

596. — En payant 105 fr. pour 27 Kg. de marchandise, combien en aura-t-on: 1° pour 260 fr. ; 2° pour 285 fr.; 3° 325 fr. ; 4° pour 342 fr.; 5° pour 355 fr.; 6° pour 370 fr.; 7° pour 400 fr. et 8° pour 450 fr.?

597. — Pour clôturer une cour, on devra employer 3 000 planches de 24 centimèt. de large : combien en faudrait-il si elles n'avaient chacune que : 1° 8 cm.; 2° 9 cm.; 3° 10 cm. ; 4° 15 cm. ; 5° 18 cm.; 6° 20 cm. et 7° 22 cm.?

598. — Une construction peut être achevée par 48 ouvriers en 72 jours : combien faudra-t-il de jours pour cet ouvrage : 1° à 10 ouvriers ; 2° à 15; 3° à 18; 4° à 27; 5° à 32; 6° à 40; 7° à 42 et 8° à 64 ouvriers?

599. — Une personne veut placer de l'argent à 5 °/₀ d'intérêt : combien recevra-t-elle de rentes si elle place : 1° 2 000 fr. ; 2° 2 600 fr.; 3° 3 400 fr. ; 4° 4 000 fr.; 5° 4 500 fr.; 6° 5 000 fr.; 7° 6 000 fr. et 8° 10 000 fr.?

600. — On veut placer de l'argent à 4 fr. 50 p. °/₀ : combien recevra-t-on d'intérêt au bout d'un an en plaçant : 1° 3 000 fr.; 2° 4 000 fr.; 3° 4 500 fr.; 4° 6 000 fr.; 5° 8 000 fr.; 6° 8 500 fr.; et 7° 10 000 fr.?

DEUXIÈME PARTIE

Problèmes donnés dans les Concours cantonaux,
dans les examens pour le Certificat d'études primaires
et Problèmes sur les Fractions.

———

I. — PROBLÈMES DONNÉS DANS LES CONCOURS CANTONAUX
ET DANS LES EXAMENS POUR LE CERTIFICAT D'ÉTUDES
PRIMAIRES.

601. — Un père de famille gagne 2 fr. 50 par jour.
Il veut économiser 250 fr. par an; il se repose le dimanche et 8 jours de fête : combien peut-il dépenser
par jour? (*Concours. cantonal. — Calvados.*)

602. — Une fermière a fourni 33 doubles-litres de
lait à 0 fr. 52 l'un, plus 16 doubles-litres 25 cl. à
0 fr. 58. Se dispensant de tout calcul, elle accepte en
paiement 25 fr. : on demande si elle a reçu trop ou
trop peu ? (*Concours cantonal Calvados*).

603. — Une mère de famille a 3 enfants. L'entretien en linge de chacun de ses enfants lui coûte :
1° confections de vêtements : par an, 15 fr. ; 2° raccommodage : par mois, 1 fr. 50; 3° blanchissage : par semaine, 0 fr. 35. Combien épargnerait-elle par an, si
elle savait blanchir, coudre et raccommoder? (*Concours
cantonal. — Eure-et-Loir*).

604. — Les huîtres valent 12 fr. 50 le panier de
50 douzaines; on en a 8 douzaines pour une certaine
somme. Quelle est cette somme? Et combien en aurait-on pour la même somme si le panier coûtait 10 fr. ?
(*Concours cantonal. — Côtes-du-Nord*).

605. — Une marchande achète 15 douzaines de
pêches à 1 fr. 20 la douzaine. On lui donne la trei-

zième par-dessus la douzaine. Après en avoir offert gratuitement 10 à des personnes malades, elle vend le reste à 0 fr. 15 pièce. Quel est son bénéfice? (*Concours cantonal. — Calvados*).

606. — Une compagnie d'ouvriers peut faire 456 m. 50 d'ouvrage par jour et reçoit 0 fr. 45 par mètre. Quelle somme est-il due à 13 compagnies semblables à la première pour un travail de 37 jours ? (*Concours cantonal. — Marne*).

607. — Une mère de famille achète pour faire des chemises une pièce de toile de 76 mètres 25 à raison de 2 fr. 20 le mètre. Il faut 3 m. 05 de toile pour une chemise et on paye en outre 2 fr. 50 de façon. Dire, d'après cela, le prix de revient d'une seule chemise et la somme totale dépensée par cette personne ? (*Concours cantonal. — Eure-et-Loir*).

608. — On vend une pièce d'étoffe de 13 m. 50 par coupons de 0 m. 75 à raison de 4 fr. 80 le coupon. Trouver : 1° le prix d'un mètre; 2° la somme que l'on recevra pour toute la pièce. (*Concours d'arrondissement. — Seine-et-Oise*).

609. — Le 1er mars, on achète 148 m. d'étoffe à 2 fr. 75 le mètre; 15 jours plus tard la même étoffe a baissé de 0 fr. 20 par mètre, et on en achète alors 200 m. On veut revendre le tout au détail et au même prix, en gagnant 55 fr. Quel doit être le prix de vente d'un mètre ? (*Concours cantonal. — Oise*).

610. — Une couturière a acheté, à raison de 1 fr. 20 le mètre, une pièce de toile de 53 m. 55 avec laquelle elle a confectionné 17 chemises; elle a dépensé, en outre, pour 3 fr. 40 de boutons, fil et autre menues fournitures, et a employé 15 jours à cet ouvrage. Dites combien elle devra vendre chaque chemise pour que sa journée de travail lui soit payée 1 fr. 70. (*Concours cantonal. — Seine-et-Oise*).

611. — Une pièce d'étoffe de 32 m. 50 a coûté 78 fr. On en prend 7 mètres 60 pour faire une robe;

on emploie en outre 2 m. 85 de doublure à 0 fr. 80 le mètre, et on paie à la couturière 4 fr. 30 de façon. Trouver le prix de la robe. (*Concours cantonal. — Seine-et-Oise*).

612. — On a acheté 25 m. de drap et 18 m. de soie pour 479 fr. Un mètre de drap coûtant 3 fr. 25 de plus qu'un mètre de soie, trouver le prix d'un mètre de drap et celui d'un mètre de soie. (*Concours d'arrondissement. — Versailles*).

613. — Un ménage a dépensé 1 300 fr. dans les 7 premiers mois de l'année. De combien faut-il diminuer la dépense de chaque jour pour que la dépense totale ne soit que de 2 000 fr.? L'année n'est pas bissextile, et les mois sont comptés avec le nombre de jours qu'ils ont réellement. (*Brevet simple. — Ardennes*).

614. — On a acheté 672 œufs à 8 fr. 50 le cent; on les a revendus 1 fr. 25 la douzaine : combien a-t-on gagné? (*Concours d'arrondissement. — Seine-et-Oise*).

615. — Un ouvrier qui gagne 3 fr. 25 par jour de travail, dépense, en moyenne, 2 fr. 10 par jour. Combien peut-il économiser dans une année de 365 jours, s'il s'abstient de travailler les 52 dimanches et les 4 jours de fêtes conservées? (*Concours cantonal. — Seine-et-Oise*).

616. — Une pièce de ruban de 45 m. 80 a été achetée à raison de 6 m. pour 0 fr. 45. On l'a revendue à raison de 8 m. pour 1 fr. : combien a-t-on gagné? (*Concours cantonal. — Seine-et-Oise*).

617. — Une pièce de drap de 25 m. a été payée à raison de 12 fr. le mètre. Le tout a été revendu 386 fr. 25 : quel a été le bénéfice sur chaque mètre? (*Concours cantonal. — Jura*).

618. — Un ouvrier a pris tous les jours, pendant 12 ans, 2 petits verres d'eau-de-vie à 0 fr. 05 l'un. Combien aurait-il économisé pour sa famille s'il n'a-

vait pas fait cette dépense ? S'étant corrigé de cette
habitude, combien a-t-il gagné au bout de 9 ans ? (Les
années sont considérées comme années communes).
(*Concours cantonal. — Doubs*).

619. — Dans une ferme on a fait 45 Kg. de beurre
dans la semaine. Porté au marché, ce beurre se vend
1 fr. 27 le demi-kilog., au début. La fermière, arrivée
tard, vend la provision 97 fr. 20 : combien a-t-elle
gagné ou perdu ? (*Concours cantonal. — Calvados*).

620. — Une marchande de pommes trouve à vendre
3 paniers de pommes en bloc pour 13 fr. Elle préfère
les vendre en détail. De la sorte elle en vend un panier de 125 à 0 fr. 95 le quarteron, un autre de 150 à
3 fr. 90 le cent, et un troisième de 120 à raison de
3 pommes pour 0 fr. 10 : combien a-t-elle gagné à les
vendre en détail ?

621. — On a acheté 1 450 œufs à 75 c. la douzaine;
on les revend à 7 fr. 85 le 100, mais il s'en trouve
54 de cassés : quel bénéfice réalise-t-on ? (*Brevet
simple. — Côtes-du-Nord*).

622. — Un ouvrier dépense 2 fr. 75 par jour pour
l'entretien de sa maison ; au bout d'un an, après avoir
payé ses dépenses avec le gain qu'il a fait, en travaillant 25 jours par mois, il trouve qu'il a mis de côté
196 fr. 25 : combien gagne-t-il par jour de travail ?
(*Brevet simple. — Lot*).

623. — La récolte d'une terre en froment a été
vendue à raison de 27 fr. 50 le quintal, et a rapporté
762 fr.; la contenance de cette terre et de 2 Ha. 3 a.
20 ca., et le double-décalitre de ce blé pèse 135 Hg. :
on demande le rendement d'un hectare en froment et
en argent. (*Concours cantonal. — Aisne*).

624. — Un vase, étant vide, pèse 1 Kg. 02 ; rempli d'eau, il pèse 3 Kg. 8 : chercher quelle est la capacité de ce vase (*Brevet simple. — Aisne*).

625. — Un négociant a acheté 360 000 Kg. de

houille à 5 fr. 80 les 100 Kg. Il revend cette houille à raison de 6 fr. l'hectolitre. Trouver le gain total, sachant qu'un hectolitre de houille pèse 90 Kg. (*Brevet simple. — Ardennes*).

626. — Un marchand pèse 137 Dg. de sucre. Quels poids place-t-il sur la balance? Quelle somme : 1° en argent; 2° en or, et quel volume d'eau feraient équilibre au poids de ce sucre? (*Concours cantonal. — Calvados*).

627. — Un boulanger a fait moudre 42 doubles-décalitres de blé qu'il a payés à raison de **22 fr. 50** l'hectolitre; la quantité de farine obtenue lui a donné 630 Kg. de pain. On demande à combien lui revient le kilogramme de pain, sachant que le son a payé la mouture? (*Concours cantonal. — Côte-d'Or*).

628. — Le prix de 8 pièces d'huile d'olive contenant chacune 9 Hl. 05 est de 5360 fr. : quel sera le prix du double-décalitre? (*Concours cantonal. — Côtes-du-Nord*).

629. — Le prix du pain étant fixé à 0 fr. 35 le kilogramme, quelle sera pour la consommation du pain la dépense annuelle d'une famille, d'après les conditions suivantes : Le père mange par jour 1 Kg.; la mère mange par jour 612 gr.; 3 enfants mangent en moyenne chacun 47 Dg. (*Concours cantonal. — Doubs*).

630. — Un marchand a vendu à faux poids, pendant 15 ans, 15 500 Kg. par an d'une certaine marchandise à raison de 7 fr. 50 le kilogramme à une clientèle composée de 225 personnes. Il a gagné, par cette fraude, sur chaque kilogramme la valeur de 10 gr. De quelle somme a-t-il fait tort à chaque acheteur, en supposant que chacun ait acheté la même quantité de marchandise? (*Concours cantonal. — Doubs*).

631. — On veut entourer d'arbres une prairie qui mesure 15 Hm. de circuit. Les arbres devant être séparés par un espace de 15 m. 60, combien en faudra-t-il et combien coûtera la plantation, si chaque arbre planté revient à 1 fr. 75 ? (*Concours cantonal. — Eure-et-Loir*).

632. — Une fermière conduit à la ville 9 vases contenant chacun 1 Dl. de lait. Elle vend ce lait 0 fr. 04 le double-décilitre. Combien retirera-t-elle de cette vente et quel sera le poids de l'argent qu'elle rapportera chez elle, en supposant qu'elle n'ait reçu que de la monnaie de cuivre? (*Concours cantonal. — Eure-et-Loir*).

633. — Le vin du Blayais se paie chez le propriétaire 74 fr. 25 la barrique de 228 litres ; le transport pour Paris coûte 32 fr. 60 par tonneau de 4 barriques, et le vin paie à l'entrée de cette ville 21 fr. 60 de droits par hectolitre. On demande ce qu'aura à payer un négociant de Paris qui a acheté, dans ces conditions, 5 tonneaux de vin du Blayais. (*Concours cantonal. — Gironde*).

634. — Un vase rempli d'eau de mer pèse 67 Kg. 850, et vide 9 Kg. 125; combien contient-il de litres? On sait que le litre d'eau de mer pèse 102 Dg. 6 gr. (*Concours cantonal. — Jura*).

635. — On a ensemencé 1 Ha. de terre avec 220 litres de blé ; le rendement a été de 350 gerbes. Sachant que 100 gerbes produisent 7 Hl. 05 de blé, quel est le produit d'un litre de semence ? Combien faudrait-il cultiver d'hectares pour récolter 200 Hl. de blé ? (*Concours cantonal. — Oise.*)

636. — Une ménagère a tiré de son poulailler 684 œufs qu'elle a vendus, un tiers à 0 fr. 85 la douzaine, un quart à 1 fr. 20 la douzaine, et le reste à 0 fr. 84 la douzaine. Pour la nourriture de ses volailles, elle a acheté 12 Dl. 5 de grain à 0 fr. 13 le litre, et pour 7 fr. 69 de son. Dites le prix de revient d'un œuf et le profit total qu'a réalisé la ménagère ? (*Concours cantonal. — Seine-et-Oise.*)

637. — Un tonneau d'alcool de 354 litres a coûté 195 fr. l'hectolitre ; lesfrais de transport et d'impôt se sont élevés à 69 fr. 70. Combien faudra-t-il ajouter de litres d'eau pour qu'une bouteille de 0 litre 66 du mélange revienne à 0 fr. 95 ? (*Concours cantonal. — Seine-et-Oise.*)

638. — Le pavage d'une rue a coûté 82 365 fr., dont 5 865 fr. pour la main-d'œuvre. Chaque pavé couvre une surface de 276 cmq. Sachant que les pavés ont été payés 45 fr. le 100, trouver la surface de la rue et le prix de revient d'un mètre carré de pavage à moins d'un centimètre près ? (*Concours cantonal. — Seine-et-Oise.*)

639. — Une famille composée de 5 personnes consomme journellement 735 gr. de pain rassis par personne, ou 835 gr. de pain frais également par personne. Le pain de 3 kilog valant en moyenne 1 fr. 40, trouvez l'économie annuel'e que ferait cette famille si, au lieu de manger du pain frais, elle mangeait du pain rassis ? (*Concours cantonal. — Seine-et-Oise.*)

640. — Un stère de bois pèse 850 Kg. et coûte 17 fr. Combien faudra-t-il revendre 1 000 Kg. de ce bois pour gagner 3 fr. 40 par stère ? (*Concours d'arrondissement. — Seine-et-Oise.*)

641. — Une barrique de vin de 228 litres a coûté 85 fr., prise chez le producteur. On a payé pour le transport 16 fr. 46, et à l'octroi 7 fr. 50 par hectolitre. Dites à combien revient la bouteille de 0 litre 75 ? (*Concours cantonal. — Seine-et-Oise*)

642. — On offre à un propriétaire 30 000 fr. pour un terrain de 2 a. 50, et il refuse. Un jury d'expropriation lui alloue 126 fr. par mètre carré : combien a-t-il gagné en refusant ? (*Concours cantonal. — Jura,*)

643. — On achète pour 78 fr., 50 litres de vin de Bourgogne et on les met en bouteilles de 0 litre 75 dont le 100 coûte 16 fr. 50. On paie de plus 1 fr. 50 le 100 de bouchons. Combien aura-t-on de bouteilles, et à combien reviendra la bouteille de vin, verre compris ? (*Certificat d'études. — Meurthe-et-Moselle.*)

644. — Un marchand achète 6 barriques de vin de 216 litres 50 à 0 fr. 25 le litre ; il y a dans chaque pièce 5 litres de lie, et il paie 0 fr. 07 de droits par litre. Il vend ce vin en détail 0 fr. 45 le litre. Quel est son bénéfice ? (*Concours cantonal. — Oise.*)

645. — On donne 20 fr. à une servante pour aller chercher 2 Kg. 5 de bougie à 2 fr. 80 le kilog. ; 125 g. de café à 3 fr. 20 le kilog. ; 2 Kg. 525 de sucre à 0 fr. 65 les 500 gr. ; 1 Kg. 65 de vermicelle à 0 fr. 40 les 5 Hg. : combien doit-elle rapporter ? *Brevet simple. — Lot.*)

646. — Une barrique contient 640 litres de vin qu'on a payés 45 fr. l'hectolitre. On en vend 250 litres à 52 fr. l'hectolitre, 180 litres à 55 fr. l'hectolitre et le reste à 60 fr. l'hectolitre. Combien a-t-on gagné pour 100 sur le prix d'achat, et quel est le prix moyen de vente d'un hectolitre, à moins d'un centime près ? (*Certificat d'études primaires. — Seine-et-Oise.*)

647. — Un libraire fait pour les livres qu'il fournit aux bibliothèques scolaires un rabais de 16 °/₀ sur le prix des ouvrages. D'après cela on demande à quelle somme doit se monter la facture d'un instituteur qui a à sa disposition 50 fr. de la commune ? (*Certificat d'études primaires. — Côte d'Or.*)

648. — On mélange 2 500 décil. de vin à 0 fr. 65 le litre avec 35 Dl. de vin à 40 fr. l'hectolitre. On veut gagner, en le revendant, 0 fr. 65 par demi-décalitre. Combien doit-on revendre le litre de ce mélange ? *Certificat d'études primaires. — Seine-et-Oise.*)

649 — On fait construire une fosse à purin pouvant contenir 974 Hl. 53 et ayant 6 m. 25 de longueur sur 4 m. 95 de largeur : quelle profondeur devra-t-on lui donner ? (*Certificat d'études primaires. — Aude.*)

650. — Comparez l'hectare au kilomètre carré, et dites comment on évalue en hectares la surface d'un pays donnée en kilomètres carrés. Exemple : la France a 528 000 Kmq.; le Pas-de-Calais, 6 065 Kmq. ? (*Certificat d'études primaires. — Pas-de-Calais.*)

651. — On met 20 pièces de 5 fr. en argent dans l'un des plateaux d'une balance : combien faut-il mettre de pièces de 5 fr. en or dans l'autre plateau pour rétablir l'équilibre ? (*Certificat d'études primaires. — Aisne.*)

652. — Multiplier le dixième de 54, 25 par le centième de 43. 6 et multiplier le produit par 10 000 ? (*Certificat d'études primaires. — Meuse.*)

653. — Un propriétaire veut échanger 6 pièces de vin contenant chacune 116 litres à 0 fr. 45 le litre, contre du cidre valant 12 fr. l'hectolitre. Combien devra-t-il recevoir d'hectolitres de cidre ? (*Certificat d'études primaires. — Ardennes.*)

654 — L'hectolitre de froment pèse, en moyenne, 73 Kg. 50. Quel sera le poids de la farine que fournira le rendement d'un hectare de terre qui a produit 25 Hl. de froment, sachant que 100 Kg. de froment donnent 94 Kg. 5 de farine ? (*Certificat d'études primaires. — Ardennes.*)

655. — La farine coûtant 81 fr. les 150 Kg., on demande combien doit coûter le kilog. de pain, en admettant que 5 Kg. de farine donnent 6 Kg. de pain, et que le boulanger gagne 9 fr. par 100 kilog. de farine ? (*Certificat d'études primaires. — Ardennes.*)

656. — Pour couvrir une tente, il a fallu 58 m. de toile ayant 1 m. 10 de largeur. Combien en aurait-il fallu de mètres si la toile n'avait eu que 0 m. 95 de largeur ? (*Certificat d'études primaires. — Ardennes.*)

657. — Un marchand s'aperçoit qu'une pièce de drap de 18 m. 50, qui lui coûte 12 fr. le mètre, est avariée sur une longueur de 2 m. 80. La partie dépréciée ne peut plus être vendue que 7 fr. le mètre. Quel devrait être par mètre le prix de vente du drap non avarié pour que le marchand n'éprouvât aucune perte ? (*Certificat d'études primaires. — Ardennes.*)

658. — La place publique d'une ville a une superficie de 17 a. 27 ; on veut la paver en pierres bleues de
Belgique à raison de 16 pavés par mètre carré, et au
prix de 6 fr. 50 le mètre carré (fourniture et main-
d'œuvre). Combien y aura-t-il de pavés employés et
quelle sera la dépense totale ? (*Certificat d'études
primaires. — Pas-de-Calais.*)

659. — On veut entourer un pré de 148 m. de long
et de 125 m. de large avec une haie d'aubépine. Les
plants sont à 0 m. 18 l'un de l'autre ; on les paie
4 fr. 75 le mille, et on donne à l'ouvrier 0 fr. 35 par
décamètre. A combien s'élève la dépense ? (*Certificat
d'études primaires. — Pas-de-Calais.*)

660. — Un cultivateur loue un hectare de terre
90 fr., le laboure, le fume, et y sème 2 Hl. 50 de blé
coûtant 22 fr. 40 l'hectolitre ; les frais de main-d'œuvre
et de fumure s'élèvent à 238 fr. 60 ; il récolte 19 Hl.
de blé estimé 26 fr. 50 l'hectolitre, et 3 900 Kg. de
paille valant 2 fr. 75 le quintal métrique. On demande
quel est le bénéfice net du cultivateur. (*Certificat
d'études primaires. — Nord*).

661. — Le café se vend 4 fr. 60 le kilogramme ;
que coûtent 2 Hg. 5 Dg. de ce café ? Si le marchand
n'avait pas sous la main les poids nécessaires pour
peser ces 2 Hg. 5 Dg , de combien de pièces de 2 fr.
pourrait-il se servir pour obtenir le même résultat ?
(*Certificat d'études primaires. — Ardennes*).

662. — Une dame âgée charge un petit garçon
complaisant d'aller acheter pour elle, à la boucherie, un
morceau de veau de 3 livres 200 gr., et elle lui remet
une pièce de 5 fr. pour payer le boucher. Combien lui
revient-il sur sa pièce, le veau coûtant 1 fr. 80 le Kg. ?
La dame tient aussi à savoir de combien de poids s'est
servi le boucher, et desquels. (*Certificat d'études primaires. — Ardennes*).

663. — Pour faire confectionner une douzaine de
chemises d'hommes, une mère de famille achète 40 m.

de toile à 1 fr. 40 le mètre ; le fil et les boutons lui
coûtent 5 fr. 60, et la couturière, chargée du travail,
lui demande 1 fr. 80 par chemise : à combien revient
une chemise ? (*Certificat d'études primaires. — Ardennes*).

664. — Un marchand a acheté 72 m. de drap. En
revendant 15 m. pour 243 fr. 75, il gagnerait 2 fr. 25
par m. : Combien lui ont coûté les 72 mètres ? (*Certificat d'études primaires. — Ardennes*).

665. — Une chambre a 6 m. 20 de longueur,
4 m. 80 de largeur et 2 m. 75 de hauteur. Elle a une
porte de 1 m. 90 sur 1 m. 05, et deux fenêtres de
chacune 1 m. 80 sur 1 m. 20 Quelle somme doit-on
payer au peintre qui en a blanchi à la chaux les murs
et le plafond à raison de 7 centimes par mètre carré ?
(*Certificat d'études primaires. — Ardennes*).

666. — Une bouteille vide pèse 650 gr. ; pleine
d'huile, elle pèse 1 075 gr. Quelle est sa contenance ?
Le litre d'huile pèse 905 gr. (*Certificat d'études primaires. — Ardennes*).

667. — Une vigne de 4 a. 28 ca. coûte 300 fr. Que
valent 34 a. 45 ca. ? et que valent 1 Ha. 22 a. 86 ca. ?
(*Certificat d'études primaires. — Doubs*).

668. — Une pièce de terre de 6 Ha. a coûté 3 200 fr.
l'hectare. Dans une année, la récolte a été de 16 Hl.
de froment par hectare, vendu au prix moyen de
22 fr. 50 l'hectolitre. On demande à quel taux l'acquéreur a placé son argent, en achetant cette propriété,
déduction faite des frais de culture, qui se sont élevés
à 1 580 fr. (*Certificat d'études primaires. — Eure-et-Loir*).

669. — Une ménagère a vendu 15 douzaines d'œufs
plus 9 œufs à raison de 7 pour 8 sous ; elle a employé
le prix à acheter une étoffe qui coûte 30 c. le mètre :
combien de mètres a-t-elle de cette étoffe ? Trouver
combien cette étoffe couvrirait de mètres carrés, si elle

a 0 m. 578 de large. (*Certificat d'études primaires. — Hérault*).

670. — Deux marchands de bœufs louent une prairie pour 650 fr. Le premier y met 150 bœufs pendant 180 jours, et les laisse sur la prairie pendant 10 heures par jour. Le deuxième y place 80 bœufs pendant 260 jours et 8 heures par jour : quelle somme chaque marchand doit-il payer ? (*Certificat d'études primaires. — Jura*).

671. — Un champ a une surface de 2 Ha. 92 a. On y pratique un chemin d'une longueur de 165 m. et d'une largeur de 5 m. 86. A combien la superficie du champ se trouvera-t-elle réduite ? (*Certificat d'études primaires. — Landes*).

672. — En moyenne 100 Kg. de lait donnent 14 Kg. de crême, et une vache donne 13 Kg. de lait par jour. Combien faut-il de vaches pour produire en 15 jours 672 Kg. de crême? (*Certificat d'études primaires. — Landes*).

673. — Montrer que le kilogramme est un poids métrique. (*Certificat d'études primaires. — Lot*).

674. — Un marchand de bois estime qu'un taillis pourra donner par are 1 stère 9 dst. de bois à 7 fr. 50 le stère, et 13 fagots à 28 fr. le cent ; ce taillis ayant la forme d'un rectangle, mesure 123 m. 50 de longueur et 78 m. 35 de largeur. On demande quel sera son rendement en stères de bois et en fagots, et quelle sera la valeur de ce rendement. (*Certificat d'études primaires. — Pas-de-Calais*).

675. — 4 hommes battent du blé au fléau ; chacun d'eux bat 70 gerbes par jour et chaque gerbe produit en moyenne 3 litres de grain. La journée de chaque batteur se paie 2 fr. 25, et la quantité de blé obtenue est de 178 Hl. 5 Dl. On demande : 1° le nombre de jours employés au battage ; 2° le nombre de gerbes ; 3° le salaire des batteurs; 4° le prix du battage de l'hectolitre. (*Certificat d'études primaires. — Haute-Saône*).

676. — Un propriétaire possède 45 moutons et un autre 36. Ils les font garder par un seul berger qu'ils nourrissent, et à qui ils donnent 225 fr. de gages par an. La dépense de chaque propriétaire doit être en rapport avec l'importance de son troupeau. On demande combien de jours chacun d'eux devra nourrir le berger et quelle somme il lui donnera. (*Certificat d'études primaires. — Aveyron*).

677. — Une propriété contenant 8 Ha. 9 a. a été vendue à raison de 4 250 fr. l'hectare. L'acheteur doit payer en outre divers frais s'élevant à 66 fr. par 1 000 francs du prix total de vente.

Il désire connaître :

1° Le prix net de l'hectare et du mètre carré du terrain qu'il a acquis ;

2° Le prix annuel qu'il faut louer sa propriété pour retirer 3 fr. 50 p. % du capital déboursé. (*Certificat d'études primaires. — Calvados*).

678. — Un ouvrier dépense chaque jour pour 15 c. 1/2 d'eau-de-vie et 12 c. 1/4 de tabac. Au bout de 10 ans, il a fait le total de ses dépenses et se demande ce qu'il aurait pu acheter de pain à 0 fr. 45 le kilogramme, avec l'argent ainsi dépensé. (*Certificat d'études primaires. — Calvados*).

679. — On a acheté 18 litres de lait. Pour savoir si la marchande y a mis de l'eau, on pèse ce liquide, et l'on trouve 18 Kg. 450 pour le poids. Sachant qu'un litre de lait pur de la même provenance, tiré dans les mêmes conditions, pèse 1 Kg. 3 Dg., dire quelle quantité d'eau renferment ces 18 litres. (*Certificat d'études primaires. — Cher*).

680. — Un tonneau vide pèse 53 Kg. 5, et plein d'eau 268 Kg. 75. Quelle est sa contenance ? Si c'est du vin et que les 1 000 litres vaillent 750 fr., quelle sera la valeur du vin contenu dans ce tonneau ? (*Certificat d'études primaires. — Doubs*).

681.—Un pavé de 546 centimètres carrés mis en place coûte 40 c. Le pavage d'une rue coûte 28 334 fr. 40 : quelle est la superficie de cette rue en mètres carrés, décimètres carrés et centimètres carrés? (*Certificat d'études primaires. — Doubs*).

682. — Quelle est la pièce d'argent qui pèse autant que la pièce de 10 c.? (*Certificat d'études primaires. — Doubs*).

683. — Quelles sont les pièces de monnaie française qui pèsent 1 gr., 2 gr., 5 gr., 10 gr., 25 gr.? (*Certificat d'études primaires. — Doubs.*)

684. — Pour paver une rue de 126 m. de long et de 12 m. de large, on a employé 51 219 pavés de grès : combien en emploiera-t-on pour paver une rue de 184 m. de long et de 15 m. de large? (*Certificat d'études primaires. — Doubs.*)

685. — Quelqu'un a acheté 12 Ha. 09 de terrain, à raison de 125 fr. l'are. Peu de temps après il revend ce terrain avec un bénéfice de 0 fr. 25 par mètre carré. On demande quel a été le produit de cette vente, ainsi que le bénéfice total? (*Certificat d'études primaires. — Landes.*)

686. — Combien coûterait un tapis de 6 m. 85 de long sur 5 m. de large, à raison de 0 fr. 15 le décimètre carré? (*Certificat d'études primaires. — Meuse.*)

687. — Quel est le poids de la somme d'argent que l'on reçoit en vendant 67 Hl. 4 de blé à raison de 26 fr. l'hectolitre? (*Certificat d'études primaires. — Meuse.*)

688. — Les frais d'exploitation de l'hectare de terre cultivée en blé s'élèvent à 185 fr. D'autre part, le produit de l'hectare est de 17 Hl. de blé, et d'une quantité de paille estimée 24 fr. A quel prix faut-il que s'élève l'hectolitre de blé pour que le cultivateur gagne 213 fr. par hectare? (*Certificat d'études primaires. — Meuse.*)

689. — A 0 fr. 95 le décistère de bois de chauffage,

on demande quelle est la valeur d'un tas de ce bois ayant 14 m. 60 de long, sur 1 m. 15 de haut, si la longueur des bûches est de 1 m. 30 ? (*Certificat d'études primaires. — Meuse.*)

690. — On retire de 100 Kg. de betteraves 6 Kg. 5 de sucre et 2 Kg. 4 de mélasse. Combien de sucre et de mélasse peut donner la récolte d'un terrain de 4 Ha. 6 qui produit 32 000 Kg. de betteraves par hectare ? (*Certificat d'études primaires — Meuse.*)

691. — Un négociant voulait acheter pour 6462 fr. 72 de drap. ; mais comme il en a pris 72 m. 04 de plus, il a payé 7 057 fr. 05. Combien avait-il acheté de mètres d'abord ? (*Certificat d'études primaires. — Meuse.*)

692. — Avec 106 gr. 25 de rhubarbe on fait 125 paquets du même poids. On demande ce que vaut un paquet, si les 15 gr. de rhubarbe se vendent 1 fr. 35. Quel est le volume d'eau dont le poids est égal au poids d'un paquet ? (*Certificat d'études primaires. — Nord.*)

693. — Que doit-on payer pour expédier à 168 Km. une caisse d'une contenance de 675 dmc., pesant vide 12 Kg. 5, et remplie d'objets occupant chacun 54 cmc. ? La centaine de ces objets pèse 2 Kg. 5, et l'on paie 0 fr. 40 par myriamètre et par quintal ? (*Certificat d'études primaires. — Nord.*)

694. — Un fermier qui récolte annuellement une moyenne de 8 400 gerbes de blé veut construire, pour loger son grain, un grenier de forme rectangulaire de 6 m. de largeur. La hauteur de la couche de blé doit être de 0 m. 80 Quelle devra être la longueur de ce grenier, si le rendement moyen de chaque gerbe est de 4 litres 5 de blé ? (*Certificat d'études primaires. — Haute-Saône.*)

695. — Un tronc de chêne équarri a coûté 52 fr. 20 et a fourni 32 planches de 1 m. 75 de long. On demande le prix moyen du mètre de planches, sachant que le sciage a employé 2 ouvriers pendant 2 jours, et que chacun d'eux a reçu 3 fr. 75 par jour ? (*Certificat d'études primaires. — Haute-Saône.*)

696. — Quel est, à raison de 15 fr. le mètre cube, le prix de revient d'un mur de 35 m. 50 de longueur sur 0 m. 45 d'épaisseur, et 2 m. 40 de hauteur ? (*Certificat d'études primaires. — Seine.*)

697. — Enumérer les mesures agraires, et expliquer le rapport de chacune d'elles avec le mètre carré? (*Certificat d'études primaires — Seine.*)

698. — Quatre personnes ont consommé en 8 jours pour 5 fr. 20 de pain. Quelle sera la dépense en 30 jours pour 5 personnes ? (*Certificat d'études primaires — Pas-de-Calais.*)

699. — Quelle est la capacité d'un vase renfermant de l'eau dont le poids est représenté par 57 pièces de 5 fr., 69 pièces de 2 fr., 165 pièces de 1 fr., et 268 pièces de 0 fr. 20 ? (*Certificat d'études primaires. — Haute-Saône.*)

700. — On admet que le café éprouve, quand on le brûle, un déchet égal aux 23 centièmes de son poids. Combien faut-il, d'après cela, qu'un marchand vende le kilogramme de café brûlé, si le café vert lui a coûté 266 fr. 50 la caisse de 100 Kg., et s'il veut gagner 0 fr. 90 par kilog. ? (*Certificat d'études primaires. — Meuse.*)

II. — QUELQUES PROBLÈMES SUR LES FRACTIONS

701. — Qu'appelle-t-on fraction de fraction ? Comment trouve-t-on la valeur des $\frac{2}{9}$ des $\frac{8}{11}$ de 6 fr. 50? (*Certificat d'études. — Loire-Inférieure.*)

702. — Un ouvrier a déposé au bout de l'année

360 fr. à la caisse d'épargne. Sachant qu'il a dépensé le $\frac{1}{4}$ de son gain pour sa nourriture et les $\frac{3}{5}$ du reste pour son habillement, son logement, etc., on demande ce qu'il a gagné dans une année ?

703. — Une ménagère achète de la toile à 1 fr. 80 le mètre pour faire une douzaine de chemises. Sachant qu'il faut 3 m. de toile blanchie pour faire une chemise, et que la toile neuve diminue de $\frac{1}{18}$ par le blanchissage, à combien s'élèvera la dépense ?

704 — Un ouvrier dépense le $\frac{1}{3}$ de ce qu'il gagne pour sa nourriture, le $\frac{1}{8}$ pour son habillement et son logement, et le $\frac{1}{10}$ en menus frais. Il économise chaque année 318 fr. Combien gagne-t-il par an ? (*Concours cantonal. — Aisne.*)

705. — Une pompe peut épuiser un bassin en 7 h. $\frac{1}{2}$; une autre l'épuiserait en 5 h. Si on les fait fonctionner en même temps, combien faudra-t-il d'heures pour épuiser le bassin ? (*Concours cantonal. — Aisne.*)

706. — Une personne brûle chaque jour les $\frac{4}{5}$ d'un seau de charbon de terre contenant 19 Kg. 8 de charbon. On sait que 9 Hl. $\frac{1}{2}$ de charbon coûtent 40 fr. 85 et que l'hectolitre pèse 83 Kg. 700. Combien cette personne dépense-t-elle pour son chauffage depuis le 1er novembre jusqu'au 31 mars suivant ? (*Concours cantonal. — Eure-et-Loir.*)

707. — Un cultivateur a ensemencé les $\frac{3}{5}$ de ses terres en blé, $\frac{1}{7}$ en avoine ; le surplus, cultivé en prairies artificielles, comprend 7 Ha. 20. Combien de terre exploite ce cultivateur ? (*Concours cantonal. — Jura.*)

708. — Dire les fractions équivalentes à $\frac{3}{8}$, et qui aient pour numérateurs 6, 51, 33, 39, 48. (*Concours cantonal. — Saône-et-Loire.*)

709. — Sur un champ de 45 ares en luzerne, on a pu faire dans l'année 3 coupes, dont la troisième a donné 540 Kg. de fourrage sec. Sachant que la première coupe a été les $\frac{3}{5}$ de la deuxième, et la troisième les $\frac{5}{8}$ de la deuxième, on demande : 1° le produit brut des ces 3 coupes, à raison de 6 fr. 50 le quintal métrique ; 2° le même produit brut pour une étendue d'un hectare ? (*Certificat d'études. — Seine.*)

710. — Une fontaine fournit par 3 minutes 59 litres $\frac{3}{10}$ d'eau. Combien en donnera-t-elle en 3 heures 45' ? (*Brevet simple. — Saône-et-Loire.*)

711. — A raison de 5 % par an, combien faudra t-il de temps à 2 fr. pour rapporter 0 fr. 02 ? (*Concours cantonal. — Côte-d'Or.*)

712. — Une vis avance de $\frac{3}{4}$ de millimètre par tour. Combien faudra-t-il tourner de fois pour la faire avancer de 3 millimètres $\frac{1}{4}$? (*Certificat d'ét. prim. — Aisne.*)

713. — Chaque battement d'une pendule équivaut à $\frac{2}{3}$ de seconde. On a compté 12 battements de cette pendule depuis l'instant où l'on a aperçu un éclair jusqu'à celui où l'on a entendu le bruit du tonnerre. A quelle distance se trouve-t-on du nuage orageux, le son parcourant 340 m. par seconde ?

714. — Deux ouvriers ont fait un ouvrage pour lequel ils reçoivent au total 55 fr. 80. L'un des ouvriers, qui est de 1/4 moins habile que l'autre, a reçu 1 fr. 80 de moins que son camarade, et a travaillé 10 jours. Pendant combien de temps l'autre a-t-il travaillé ?

715. — Un homme peut faire 130 pas à la minute. En admettant que le pas ordinaire soit égal aux 10/13 du mètre, combien faudrait-il de jours à un piéton marchant dans ces conditions 9 heures par jour, pour traverser la France, du nord au sud ? La distance est de 980 Km., qu'on peut augmenter de 100 Km. à cause des détours des routes.

716. — Partagez 2 250 fr. entre 3 personnes de manière que la part de la 2° soit le 1/3 de celle de la première et le double de celle de la troisième.

717. — Un homme travaillant seul ferait un ouvrage en 2 jours $\frac{1}{2}$; sa femme seule le ferait en deux jours $\frac{2}{3}$; et enfin leur enfant mettrait 4 jours $\frac{4}{5}$. Si on les emploie tous les trois ensemble, en combien de temps l'ouvrage sera-t-il achevé?

718. — On paie 142 fr. pour 5 pièces de toile contenant chacune 10 m. $\frac{1}{7}$. Combien coûte le mètre de cette toile? (*Brevet simple. — Ardennes*).

719. — Partager 630 fr. entre 2 personnes, de manière que la part de la 2° soit les $\frac{3}{4}$ de la part de la première. (*Concours cantonal. — Doubs*).

720. — Un atelier occupe 37 hommes dont chacun reçoit une paye de 2 fr. 50 par jour, et un certain nombre de femmes qui reçoivent chacune, par jour, les 7/10 de la paye d'un homme. Le montant de la paye des ouvriers et ouvrières pour les 6 jours de la semaine s'élève à 733 fr. 50.

Dire d'après cela :

1° Le nombre des femmes occupées dans l'atelier ;

2° Le gain de chacune d'elles par jour et par semaine. (*Certificat d'études primaires. — Basses-Pyrénées*).

721. — Un marchand a acheté une pièce de drap à raison de 20 fr. le mètre. Il en a vendu la moitié à 24 fr., le sixième à 20 fr., le quart à 27 fr. et le reste à 30 fr. Il a ainsi gagné 165 fr. sur le marché : combien de mètres a la pièce de drap? (*Certificat d'études primaires. — Ardennes*).

722. — Paul, Charles et Jules se sont engagés à faucher en commun pour un fermier, à raison de 10 fr. 50 par hectare, la récolte en foin d'une prairie de 12 Ha. 8 a. Ils ont commencé leur travail le lundi matin et l'ont terminé le vendredi de la semaine suivante à midi. Quelle somme chacun touchera-t-il, sachant que Jules s'est absenté un jour, Paul une demi-journée, et que Charles n'a pas perdu de temps? (*Certificat d'études primaires. — Ardennes*).

723. — J'ai acheté un tas de bois long de 4 m. 75,

large de 1 m. 05, et haut de 2 m., à raison de 11 fr. 50 le stère. Quelle est la somme que je dois payer, s'il m'est fait une remise de $\frac{1}{2}$ p. %? (*Certificat d'études primaires. — Ardennes*).

724. — On veut couper une pièce de toile de 24 m. en morceaux de $\frac{3}{4}$ de mètre : combien y aura-t-il de morceaux ? (*Certificat d'études primaires. — Ardennes*).

725. — Un ouvrier agricole peut battre par jour 6 douzaines de gerbes de blé. Il a le choix entre deux modes de paiement : 1° 3 fr. par jour ; 2° le quinzième du grain qu'il obtient par le battage. Quel est le mode le plus avantageux pour lui, et de combien par jour, sachant qu'il faut 40 gerbes pour obtenir 1 Hl. de grain pesant 78 Kg., et que le blé vaut 25 fr. le quintal? (*Certificat d'études primaires. — Ardennes*).

726. — Combien valent 3 mètres $\frac{5}{6}$ d'étoffe au prix 0 fr. 067 millimes le centimètre. ? (*Certificat d'études primaires. — Doubs*).

727. — Combien vaut un coupon d'étoffe de $\frac{5}{6}$ de mètre de longueur, le mètre coûtant 9 fr. 60? (*Certificat d'études primaires. — Doubs*).

728. — La monnaie d'or, à poids égal, vaut 15 fois et demie plus que la monnaie d'argent. Quel est le poids de la pièce de 5 fr. en or? (*Certificat d'études primaires. — Doubs*).

729. — Une personne place un quart de sa fortune à 3 p. %, les 2/5 à 4 p. % et le reste à 5 p. %. Au bout de 6 mois elle retire pour les intérêts réunis de ces trois parties, 660 fr. : on demande de déterminer le capital placé à chacun des taux indiqués et par suite le capital tout entier. (*Certificat d'études primaires. — Eure-et-Loir*).

730. — Un champ a une superficie de 2 Ha. 3/4. Dire la valeur de ce champ à raison de 18 c. le mètre carré. (*Certificat d'études. — Lot*).

731. — Multiplier 12 unités $\frac{3}{4}$ par $\frac{2}{3}$, et retrancher $\frac{1}{7}$ du produit. Convertir ensuite le reste en nombre fractionnaire décimal. (*Certificat d'études primaires. — Meuse*).

732. — Un marchand dépense 1 312 fr. 50 pour l'achat de 15 pièces d'étoffe de 35 m. chacune; il revend le tout en 18 jours à raison de 0 fr. 70 les 25 centimètres, et donne aux pauvres la 25ᵉ partie de son gain : quelle est en moyenne l'aumône de chaque jour? (*Certificat d'études primaires. — Nord*).

733. — Un propriétaire fait assurer sa maison estimée 17 600 fr. à raison de 0 fr. 30 pour 1 000, et son mobilier estimé 3 800 fr. à raison de 0 fr. 60 pour 1 000. Que devra-t-il payer pour sa prime d'assurances? (*Certificat d'études primaires. — Pas-de-Calais*).

734. — Un bassin a 2 m. de haut, 5 m. de long et 3 m. de large. Combien y a-t-il de décimètres cubes dans la centième partie de son volume total? (*Certificat d'études primaires. — Pas-de-Calais*).

735. — Une pile de bois à brûler longue de 8 m. 50, large de 8 m. 25 et haute de 1 m. 4, est vendue à raison de 108 fr. le décastère. L'acheteur paie comptant et reçoit une remise de 2 fr. 25 0/0 : combien doit-il débourser? (*Certificat d'études primaires. — Pas-de-Calais*).

736. — Un orage détruit les 3/10 de la récolte d'un agriculteur qui a ensemencé en blé 45 Ha. de terre. Combien l'agriculteur perd-il, si l'are produit habituellement 3 Dl. 4 lit., et si le blé vaut 21 fr. 60 l'hectolitre? (*Certificat d'études primaires. — Pas-de-Calais*).

737. — Un nombre vaut les $\frac{2}{7}$ d'un autre ; trouver les deux nombres, sachant que la différence est 8 ? (*Certificat d'études primaires. — Haute-Saône*).

738. — Dans l'exploitation d'une mine de charbon de terre on a payé 198 746 fr. pour le salaire de 437 ouvriers qui ont travaillé pendant 298 jours. Quel est, en centimes, le prix d'une journée d'ouvier ? Quelle somme a dû recevoir, pour 20 journées, un ouvrier travaillant avec sa femme et ses 4 fils, la journée de la femme étant comptée pour $\frac{2}{3}$ de journée, et celle de chacun de ses fils pour $\frac{5}{6}$? (*Certificat d'études primaires.* — *Haute-Saône.*)

739. — Dans un fût pesant 20 Kg. $\frac{3}{11}$ on verse du vin, dont le poids est 12 fois celui du fût. Dites, en grammes et en kilogrammes le poids total de la pièce. (*Certificat d'études primaires.* — *Seine.*)

740. — Expliquer comment on transforme une fraction ordinaire en fraction décimale. Prendre pour exemple la fraction $\frac{3}{4}$. (*Certificat d'études primaires.* — *Seine.*)

741. — Expliquer comment on transforme une fraction ordinaire en fraction décimale et une fraction décimale en fraction ordinaire. (*Certificat d'études primaires.* — *Seine.*)

742. — Multiplier par 1 000 la somme du quart et du cinquième de 3 141 592. (*Certificat d'études primaires.* — *Meuse.*)

743. — Quel est l'intérêt d'un capital de 3 500 fr. placé à 4 $\frac{3}{4}$ pour 100 pendant 8 mois ? (*Certificat d'études primaires.* — *Pas-de-Calais.*)

744. — Un magasin est éclairé par 58 becs de gaz, de 5 heures $\frac{1}{4}$ à minuit ; chaque bec de gaz consomme 1 Hl. 35 par heure. Un hectolitre de gaz coûte 0 fr. 35.

On demande quelle sera la dépense d'éclairage pendant le mois de janvier, sachant que le premier de ce mois est un vendredi, et que le magasin est fermé le dimanche.

On donnera le chiffre de cette dépense à moins d'un centime près. (*Cours supérieur.*)

745. — Une citerne a pour fond un carré de 1 m. 40 de côté, et sa profondeur est de 4 m. Elle est actuellement remplie d'eau aux $\frac{2}{7}$. Combien faut-il y introduire d'hectolitres d'eau pour que la distance du niveau du liquide au fond de la citerne s'accroisse d'un quart ? (*Certificat d'études primaires. — Juillet 77.*)

746. — Combien de grammes de poivre pour 10 centimes doit donner un épicier qui paie le $\frac{1}{2}$ Kg. 1 fr. 40 et qui veut faire un bénéfice de 0 fr. 15 par franc ? (*Certificat d'études primaires. — Pas-de-Calais.*)

747. — Quelle est la somme qui, augmentée de ses intérêts pendant 3 mois, devient 12 757 fr. 50 au taux de 5 °/₀ ? (*Certificat d'études primaires. — Haute-Saône.*)

748 — Expliquer de quelle manière la fraction $\frac{3}{8}$ peut être rendue deux fois plus forte. (*Certificat d'études primaires. — Seine.*)

749. — On peut rendre la fraction $\frac{2}{7}$ deux fois plus petite par deux opérations différentes. Quelle est celle de ces deux opérations qu'il faut appliquer de préférence ? (*Certificat d'études primaires. — Seine.*)

750. — Les $\frac{3}{4}$ d'une pièce de toile ont été vendus 86 fr. 40 au prix de 1 fr. 60 le mètre. Dire la longueur et la valeur de la pièce entière. (*Certificat d'études primaires. — Ardennes.*)

BIBLIOTHÈQUE NATIONALE R.F. IMPRIMÉS

Amiens. — Imp., DELATTRE-LENOEL, Imp.-Lib. de Mgr l'Évêque.

u
?

n-
et
r-

es
ıx
e.)
$\frac{3}{8}$
les

us
le
é-

us
ur
les

e.

www.ingramcontent.com/pod-product-compliance
Lightning Source LLC
Chambersburg PA
CBHW071253200326
41521CB00009B/1749